EXPO

世博与建筑

The Architecture of World Exposition

郑时龄　陈　易　编著

東方出版中心

Contents

目录

导言

世博会也是世界建筑的博览会，一方面，作为全球的顶级盛事，世博会为人类留下了丰富的遗产，同时推动了世界建筑的发展；另一方面，也正是因为建筑和工程技术的创新，才使许多世博会成为成功的世博会而载入史册。如果没有水晶宫，也许1851年的伦敦世博会就没有这么辉煌；如果没有埃菲尔铁塔，1889年的巴黎世博会可能早已被人们遗忘。

世博会建筑是历史记忆中的丰碑，因为世博会建筑，尤其是各国和各地区的展馆大多数都是由各国和各地区的著名建筑师所设计的，而且多为临时建筑，绝大多数的世博会建筑都在博览会后拆除或移至他处建造，其中只有极少数建筑由于其历史和文化价值，而在若干年甚至几十年以后得以重建（见图0–1）。世博会建筑标志着工程技术的进步，这些建筑大部分留存在图书中，留存在新闻报道中，留存在电影档案中，留存在非物质的记忆中。

事实上，早在1851年伦敦世博会之前，各个国家和地区就有各种形式的贸易交流会和博览会，最早的博览会起源于商品的交易集市，

图0–1
正在拆毁的世博会建筑

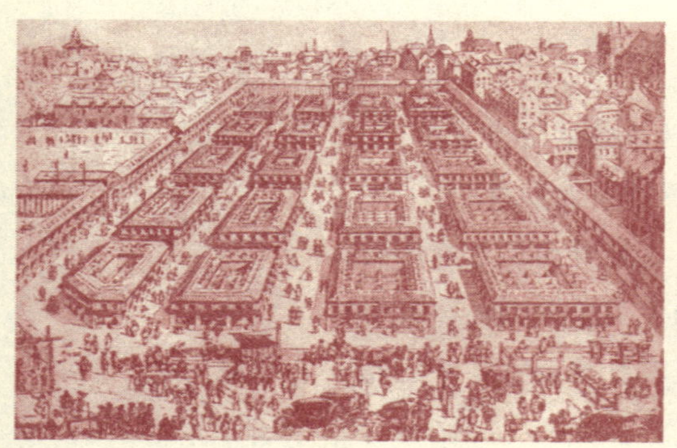

图0–2(上左)
1511年巴黎圣日耳曼市集
图0–3(上右)
1844年巴黎博览会展厅

由于近代工业经济的发展,展示各项经济技术和艺术成就、促进产销、引领生活和消费时尚的需要,推动了各种博览会的诞生。同时,展览会也开始超出国家的范围,成为国际盛事。早期的市集已经出现了有屋盖的大集市,成为博览会建筑的雏形(见图0–2)。1844年法国在巴黎香榭丽舍大道举办全国博览会,博览会的建筑采用矩形的展厅平面,外立面采用古典主义式样,成为博览会建筑的原型(见图0–3)。

国际展览局1994年召开的第115次大会通过的决议指出:"为确保世博会向公众展示取得的成就,世博会的举办应该具有高质量的文化和艺术环境。"①指明世博会建筑和环境的文化意义和艺术要求。世博会建筑是时代和文化的象征,世博会建筑成为引领建筑思潮和建筑技术的十分重要的建筑,具有鲜明的先锋性和实验性。它们或者表现了新技术和建筑的实验性;或者表现了国家和地区的文化;或者表现了各国和各地区不同的世界观和价值观;或者表现了建筑的高度艺术性;世博会建筑也在形象上代表了各个国家和地区,是国家的象征。世博会建筑在空间和建筑技术上的创造一定程度上改变了城市的生活方式,改变了人们的空间观念和空间体验。另一方面,世博会各举办国和举办城市也都在世博会建筑及其规划布局上表现了不同历史时期的社会风尚、生活方式、美学追求和价值观念。

① 转引自吴建中主编:《世博会主题演绎》,上海科学技术文献出版社,2008年,第85页。

世博会的园区面积不断扩大，从城市的局部，变成城市的重要空间组成部分。1851年伦敦世博会占地10.4公顷，1855年巴黎世博会占地15.2公顷，1862年伦敦世博会占地12.5公顷，1867年巴黎世博会占地67公顷，1873年维也纳世博会占地233公顷，1876年费城世博会占地115公顷，1878年巴黎世博会占地约75公顷，1889年巴黎世博会占地约96公顷，1893年芝加哥世博会占地约290公顷，1900年巴黎世博会占地约50.8公顷。1904年圣路易斯世博会占地515公顷，是世博会有史以来规模最大的一届世博会。1933年芝加哥世博会占地172公顷，1939年纽约世博会占地485 公顷。在第二次世界大战以后的历届世博会中，1958年布鲁塞尔世博会占地约200公顷，1964年纽约世博会占地约263公顷，1967年蒙特利尔世博会占地约364公顷，1970年大阪世博会占地350公顷，1992年塞维利亚世博会占地168公顷，2000年汉诺威世博会占地162公顷，都有相当大的规模。大规模的展览场地为建筑师提供了充分的设计空间，从早期的单幢建筑发展到展览建筑群，同时也出现了大量各种辅助建筑，如会议中心、演艺中心、多功能中心以及各种服务设施所需要的建筑。世博园成为一座配套齐全的小型城市。火车站、地铁站、汽车站、停车场等大型交通设施也成为世博会建筑的组成部分。世博园的景观和景观建筑，园区的道路系统、城市街具等也都成为世博会园区设施的有机组成。

世博会是城市更新的催化剂，世博会的举办会提升城市的规格，更新城市的面貌；世博会建筑会焕发城市生命的活力，并将崭新的生活区域融入城市；而区域交通会得到大大改善，使居民生活水平得到显著提高。

世博会的建筑反映了主办国的审美观念和经济水平，反映了主办国的意识形态和价值观念，大部分世博会的建筑都代表了对先进理念的追求和技术进步。

就总体来说，世博会建筑有以下六个特点：

1. 短暂性。世博会上的大部分建筑都是临时建筑，其酝酿的时间、施工建造的时间，以及建筑存在的历史比较短暂，往往在博览会后就被拆除，或倒塌，或巡回展览。只有很少的博览会建筑得以永久留存或得到重建。由于其短暂性，也由于其场所的特殊性，建筑基本上无需考虑与环境及城市的关系。同时，由于留存下来的建筑占的比例很小，世博会的许多建筑都属于实验性建筑、先锋性建筑，故建筑方面的史书对世博会建筑的集中论述相对比较少。

2. 空间的局限性。世博会展馆的面积有限,因此,世博会建筑的体量和规模相对比较小,建筑只能在有限的空间和体量关系中传达无限的综合性的信息。有些世博会在规划上甚至对建筑的体量和空间有许多制约,只容许各国展馆在建筑的表皮上有自己的处理,例如2005年日本爱知世博会和2008年西班牙萨拉戈萨世博会。

3. 建筑功能的特殊性和建筑造型的象征性。世博会的建筑是展示产品的舞台布景,它代表国家和地区,具有重要的符号意义,可以说,建筑本身就是一件展品,就是艺术品。同时,由于世博会建筑的短暂性,使建筑师有机会创造特殊的建筑,表现出建筑的创造性。几乎所有的世博会,各个场馆的建筑都是独立设置,建筑的造型性就更为突出。世博会的建筑必定作为原创的作品而成为世博会展示的组成部分,建筑的形象显得十分重要。

4. 表现未来的建筑和建筑技术,促进人们对新的建筑形式和建筑技术的认知。由于世博会是展示各国各地区的科技和文明领域最新成就的场所,各国各地区的建筑也是展示的手段,世博会建筑引领了建筑技术和建筑思潮。由于展馆成为各国的象征,各国展馆往往都是国家最杰出的建筑师的作品,世博会也成为新建筑的试验场。最典型的例子是1925年巴黎“装饰艺术与现代工业”世界博览会对装饰艺术风格建筑的推动,1933年芝加哥世博会对美国现代建筑的作用,2000年汉诺威世博会对生态建筑的推广等。

5. 推动了民族性和地域性建筑的探索和推广。世博会的各国展馆都力求通过建筑表现民族和国家文化,表现民族和国家精神,成为地域文化和地域建筑的展示场,为此,都会激励建筑师在地域建筑风格上的创造。

6. 世博会许多建筑的价值只是在日后才被世人所认识。有一些世博会建筑在拆除几十年后重建,表明了对这些展览馆价值的肯定。最有代表性的是路德维希·密斯·凡·德·罗(Ludwig Mies van der Rohe, 1886—1969)设计的1929年巴塞罗那世博会德国馆在1986年重建(见图0–4),西班牙建筑师何塞普·路易·塞特(Josep Lluís Sert, 1902—1983)和路易斯·拉卡萨(Luis Lacasa,1899—1966)设计的1937年巴黎世博会西班牙共和国馆在1992年重建。勒·柯布西耶(Le Corbusier,1887—1965)为1925年巴黎世博会设计的新精神馆后来也在布洛涅森林重建(见图0–5)。

世界博览会作为建筑史上不容忽视的一页,对于建筑的发展起着深刻的影响

图0–4(上左)
重建后的巴塞罗那展览馆

图0–5(上右)
重建后的新精神馆

和促进作用。尤其是20世纪以来的世博会建筑,尽管大多数都是小型的、短暂的建筑,却成为现代建筑的标志。它们往往被匆匆忙忙地建成,存在了一年或几年,突然结束了建筑的生命。它们只留存在当地的新闻报道中,只有数量不多的摄影作品保存在相当分散的档案馆内。建筑短暂的年轻生命往往还没有来得及让世界认识它们,就香消玉殒了,而这些建筑一般都是各国最优秀的建筑师的作品。要重新认识这些建筑却像考古那么艰难。

世界博览会力求展示现阶段世界科技文明领域最前沿的研究成果,每一届世博会都是最新科技的演示场和建筑新思潮、新技术的试验场,建筑科技在其中占了相当的比重。这些新成果有时作为成熟的建筑成果直接体现在世博会的场馆建筑中;有时只作为单项的新技术成果在世博会上与世人见面。

随着建筑技术的成熟和发展,影响了日后建筑的发展趋势,最终会在新的一届世博会上得以集中展现。世界博览会是建筑技术发展的一个阶段的集中回顾和总结,每一届世博会为我们提供了一个建筑技术发展的切片,让我们了解现有的成果;同时,在世博会上出现的新兴技术也为我们展示了未来建筑技术发展的新趋势,预测了未来建筑发展的方向。

世博会的建筑并不总是代表进步的方向,历史上不乏倒退的实例，例如1893年芝加哥世博会、1915年旧金山世博会和1962年西雅图世博会就表现了复古的思潮。

世博会基本上是城市的世博会，与城市的发展史密切相关。世博会的成功与否仅就与设计有关的领域而言，就需要取决于规划与建筑、景观、展示、标识等系统的整合，改变以往相互割裂、自我封闭的专业领域界限。世博会在规划上的成功则取决于其区域定位以及与城市的总体关系，包括交通、环境及城市管理等因素。世博会是一项以所在城市为依托、世博园区为主要平台的多元化大型展示和庆典活动。在经济全球化的背景之下，这种大型活动不仅成为城市竞争力的标识，而且通过活动的举办，可以影响城市的未来发展，成为城市实现未来发展目标的动力，因此，世博会往往成为各个举办城市进行大规模建设，推动城市发展的催化剂。人们已经越来越注重世博会项目计划和城市规划战略之间的联系，同时也特别关注世界博览会结束之后保证城市可持续发展的可能性，而不是让这个地区成为孤立的城市碎片。

在后期举办的世博会，举办城市逐渐把视野从举办场地投向了更广阔的外围地区。1928年建立的国际展览局(BIE)也非常注重世博会项目计划和城市规划之间的战略关系，使世博会真正地成为城市发展的动力源。在这方面，美国西雅图、加拿大蒙特利尔和葡萄牙里斯本的经验值得借鉴。

1962年西雅图举办了以《太空时代的人类》为主题的世界博览会。西雅图博览会的举办是为了推动城市旧区的改造。在西雅图世博会之后，利用举办世博会为城市旧区改造和基础设施筹集资金变成了一种惯例。

1967年蒙特利尔世博会实现了城市管理部门已经计划了数十年的基础设施，为蒙特利尔提供了未来的发展机遇并完成了新区的城市化，正是20世纪60年代奠定的基础使蒙特利尔成为世界上最适宜居住的城市之一。蒙特利尔世博会以《人类与世界》为主题，场地布置在圣劳伦斯河的岛屿和浅滩上，这些岛屿绝大部分是人造的。这届世博会吸引了5 000万观众。

1998年里斯本通过世博会的举办，促进位于塔霍河岸边的一块340公顷的土地在环境和城市规划方面的更新，推进了里斯本东部地区的重新开放，拆除了一块老工业基地，这个工业基地包括最早的炼油厂、几十个燃料储罐、一座屠宰场、一个军营和一片很大的垃圾场，以建设“最壮观和难忘的世博会”。从而为当地居民提供了一片5公里长的优美的滨水景观，同时刺激了商业的发展。里斯本世博会组委会把城市的更新与世博会结合起来，世博会成为城市更新进程的动力，城市更新又为创造一种必需的组织和材料资源模式提供了可能性，从而使世博会得以成功举办。

1851年伦敦世博会是英国工业化和城市化成就的一次重大展示机遇。巴黎在举办历届世博会的过程中，均结合了城市的发展，尤其是塞纳河沿岸的发展。世博会成为巴黎城市建设的重要机遇，同时也确定了城市未来发展的空间结构。

世博会可以帮助城市实现准备已久的宏观规划，1893年芝加哥世博会、1900年巴黎世博会、1967年蒙特利尔世博会推动了城市建设地铁系统。

在世博会的建筑发展史上，有几项重要的事件对世博会建筑的推动起着十分关键的作用：

1873年维也纳世博会首次设立主题馆，开始有国家馆如德国馆。这届世博会也开始举办国际科学论坛。

1876年美国费城世博会是为了纪念美国建国100周年，开始允许各国建立独立展馆，同时也设立了24个州馆。当时的国家馆还不是现代意义上的国家馆，有些馆实际上是参展国的驻地，或者供外交活动的场所，并不对外开放。

1889年巴黎世博会的外国展馆达到35个，留下了巴黎乃至法国的标志：埃菲尔铁塔，成为世博会历史上最辉煌的建筑之一。

1893年芝加哥世博会没有设立主展馆，而是设立了12个主题馆、19个国家馆。同时，也正式把娱乐活动纳入世博会。

1900年法国巴黎世博会的主题是“回归19世纪，展望新世纪”，开始出现功能分区，并开始设立集中的国家展馆区。

1904年美国圣路易斯世博会是为了纪念美国从法国手中购得路易斯安那州100周年，这届世博会改变了原来的百科全书式的展示方式，开始走向专题表达，从工业的范畴转向文化的范畴，重视建筑的形象和文化表达甚于体量和技术。

1974年美国斯波坎世博会的主题是“无污染的进步”，世博会开始关注环境价值。

2000年汉诺威世博会的筹备过程中提出了可持续发展的汉诺威设计原则，对绿色建筑、生态建筑和生态城市的发展具有十分重要的意义。

第1章

早期世博会建筑

14世纪，伦敦的经济开始增长，新教主义的胜利加速了城市商业的发展。1666年伦敦大火之后，进行了大规模的城市重建工作，很快就成为欧洲最大的城市。19世纪人口极度增长，欧洲的人口从拿破仑战争期间的大约两亿增长到世界大战爆发时的六亿。在18世纪，欧洲人口只占世界人口的六分之一，而在一个世纪多一点的时间里就增长到了世界人口的三分之一，其中很重要的一个原因是死亡率的下降。1800年，西方世界没有一座城市的人口超过100万。伦敦，作为当时最大的城市，只有959 310人，巴黎只有50万多一点，而维也纳只有巴黎人口的一半。1750~1800年间，英格兰的人口仅为欧洲的8%，英国的出生率大约保持在37‰，而死亡率却从18世纪中期的35‰，下降到19世纪中期的20‰。伦敦在19世纪20年代时，已经发生了很大的变化，城市建成区的人口增加到122万。到1851年，伦敦已经达到250万人，而巴黎则超过100万居民，它们当时的规模是其他城市所无法匹敌的。1829年，公共马车开始了一场陆地运输方面的革命，不到10年又实现了铁路运输。1845年对公共卫生进行了调查，暴露了伦敦的严重缺陷。随后通过了立法，以保证供应洁净的水。

伴随着工业化的快速发展，英国在1850年已经进入了城市化时期，成为世界上多数人口居住在城市中的第一个国家，英国也率先成为一种主要依靠大规模生产的新型城市。1850年，占世界人口2%的英国生产的工业产品已经占世界工业产品总量的一半。英国自18世纪60年代的工业革命以来，生产力突飞猛进，迅速增长。伦敦举办1851年世博会时，英国的各种产品在世界上堪称首屈一指。恩格斯在《英国工人阶级状况》中对伦敦作了这样的描述："像伦敦这样的城市，就是逛上几个钟头也看不到它的尽头，而且也遇不到表明快接近开阔的田野的些许征象——这样的城市是一个非常特别的东西。这种大规模的集中，250 万人这样聚集在一个地方，使这 250 万人的力量增加了 100 倍。"这次博览会意味着从简单的商品交换到新的生产技术、新的生活理念交流的重大转变，表明了城市及其生活方式进入了新的历史时期。

在 1851 年以前，欧洲各国已经在举办各种工业博览会，1761 年英国首次举办了只延续两周的工业展览会，获得很大的成功。1828 年至 1845 年，英国曾经尝试过举办类似博览会的活动。1849 年，英国在伯明翰第一次为展览建造临时的场馆，频频举办的工业博览会使英国萌发了举办世界性的博览会的想法。

19 世纪欧洲建筑最显著的特征是对于历史风格的多元应用，之所以这样，并不是因为建筑师们在回避历史形式，而是因为可供 19 世纪建筑师们选择的形式范围大大扩展。风景如画运动（The Picturesque Movement）激起了人们对各种建筑的广泛兴趣。随着 19 世纪的发展，很多建筑师转向折衷主义，将许多不同来源的风格特征结合起来，以达到原创的效果。

19 世纪的欧洲建筑并非重复历史上的各种运动，在布局、选材以及装饰细部方面它们都是那个时代的产物。当时出现了许多新的建筑类型，例如火车站、工业厂房、百货公司等，因为没有先例可循而需要新的设计。

虽然建筑新材料和新形式的发展是 19 世纪欧洲建筑的一个主要特征，然而，传统的材料在很多时候仍很流行。外表的石材和砖是其中最为常见的，而在欧洲的偏远地区仍一直使用木材建造房屋。

19 世纪初，英国已经应用了铸铁作为结构建造建筑，例如托马斯·霍珀（Thomas Hopper, 1776—1856）设计的卡尔顿府邸温室，表现出领先于时代的倾向。铸铁用在柱子的结构和装饰构件上。园艺师约瑟夫·帕克斯顿爵士设计的德比郡查茨沃斯温室（1836—1840，1920 年拆除）是早期在铁和玻璃建筑方面的尝试，在德西默斯·伯顿（Decimus Burton, 1800—1881）的协助下，建于德比郡公爵府的基地上。它具有前所未有的体量，长 84 米，宽 37 米，中央部分达到 20.4 米的高度，拱形的桁架用胶合木制成，玻璃凹凸相间地排列预示着水晶宫的雏形。不久以后，德西默斯·伯顿和爱尔兰建筑师理查德·透纳（Richard Turner, 1798—1881）设计建造了基尤植物园的帕姆温室(Palm House, Kew Gardens, 1845—1847),中央部分的断面与查茨沃思温室的设计相似，只是所有的玻璃都光滑地附在拱架上，而且结构不是用木材,而是不寻常的锻铁和铸铁的混合使用。建筑长 110 米,中央部分高达 18.9 米,跨度 32 米。它们都是 1851 年伦敦水晶宫的先驱。

英国在 1862 年第二次举办国际工业与艺术博览会，以后又在 1908 年举办了法兰西—不列颠世界博览会和 1924 年的文布利不列颠帝国博览会。

世博会所占用的城市的空间区域比较大,动辄几个平方公里,其后续利用的方式将会对城市发展的总体功能和空间结构产生重大的影响,从而促进该地区的城市更新和周围环境的改善。这里面包括了世博会举办前该地区的基础设施的更新,世博会期间对周围地块经济和城市发展的带动,以及举办后世博会场地功能的转换、设施的重新定位等等。1873 年维也纳万国博览会的举办就反映了这方面的成就,维也纳利用举办世博会之机拆除了城墙,使市中心和城郊连成一体。随着多瑙河的疏通和城市环路的建设,维也纳的城市面貌也得到了很大的改变。

19 世纪末在澳大利亚举办了一系列世界博览会，建筑风格以折衷主义为主。澳大利亚的城市和一流的城镇能与英国或美国的城镇保持联系并且以同等的水平发展,考虑到 19 世纪 50 年代淘金热以前在澳大利亚几乎没有什么建设活动,这是十分不容易的。最受欢迎的风格是新古典主义,都铎式和哥特复兴式均出自和改自英国和美国的范例,同时也吸收了大量本土的创造。澳大利亚建筑的多种多样风格是很广泛的,在构图元素的有节奏组合上,则采用更现代一些的维多利亚式。

一、伦敦水晶宫

1851 年 5 月 1 日至 10 月 11 日在伦敦海德公园举办的“万国工业成就大博览会”,简称“大博览会”,是第一届真正意义上的世博会,其主题为“万国工业”。这届世博会有 13 937 家英国企业,6 556 家外国企业参展,占地 10.4 公顷,博览会上展出的展品超过 10 万件,603 万人参观了博览会。号称“日不落帝国”的英国由于其强大的帝国号召力而使这届世博会空前盛大，也对 19 世纪的科学进步产生了巨大的推动力，从此世博会被后人誉为“经济、科技与文化界的奥林匹克盛会”。这一表述表明了世博会的宏观意义,决非一般的交易会所能相比的。博览会意味着从简单的商品交换到新的生产技术、新的生活理念交流的重大转变,伦敦万国博览会也就成为现代意义上的首届世博会。以后举办的各届世界博览会都仿照伦敦万国博览会的展示模式,成为一部生动的百科全书。伦敦世博会将展示的物品划分为四大类:原材料、机械、工业制品和雕塑,显示了工业化时代所关注的核心问题。

早期的世博会参展国家有限,为了炫耀工业革命的成就,世博会往往采用将全部展区集中于一座建筑的布局方式,伦敦 1851 年大博览会就只有一幢建筑。英国在 1849 年提出举办世界博览会的建议,得到欧洲各国的响应。是年成立了皇家委员会,成员中有工程师约翰·斯科特·拉塞尔(John Scott Russell, 1808—1882)和设计议会大厦的建筑师查尔斯·巴里爵士(Sir Charles Barry,1795—1860),拉塞尔后来帮助 1873 年维也纳世博会设计了圆顶大厅的结构。皇家委员会指定了一个执行委员会负责,主席是工程师罗伯特·斯蒂芬森(Robert Stephenson,1803—1859),建筑师马修·迪格比·怀亚特爵士(Matthew Digby Wyatt,1820—1877)任秘书。1850 年组建建设委员会,成员有建筑师查尔斯·罗伯特·科克雷尔(Charles Robert Cockerell, 1788—1863)等人。委员会将世博会会址选在海德公园,并举行公开竞标。

参加竞标的有 233 名建筑师,一共提交了 245 个方案,其中 38 个方案来自法国、奥地利和爱尔兰等国,建设委员会评选出 68 个荣誉奖,一等奖获得者是法国建筑师埃克托尔·奥罗(Héctor Horeau,1801—1872)和爱尔兰建筑师理查德·透纳,却没有一个方案中选。所有方案都是古典的、永久性的建筑形式,经过 15 次审查,结论是“均不采纳”,委员会试图把各方案的优点综合成一个圆拱式的官方方案,端部有一个巨大的铸铁和玻璃建造的直径达 61 米的大圆顶,立面酷似火车站,被嘘为“可怕的杂种”(见图 1-1)。对于建设委员会提出的带巨大穹顶的砖石结构的老式建筑方案,无论是工期或是经济上都明显有问题,英国园艺师约瑟夫·帕克斯顿(Joseph Paxton,1803—1865)听说了这个展览馆的故事,于是毛遂自荐,愿意设计展览会的主展馆。

帕克斯顿得到工程师威廉·亨利·巴罗(William Henry Barlow,1812—1902)的

图1-1
建设委员会的综合方案

帮助，为他进行结构计算。在1850年6月20日，帕克斯顿把最终的方案送去伦敦，6月24日他的设计方案被呈给艾伯特亲王，7月16日交给建设委员会。其中还有一个故事，据说帕克斯顿在去伦敦的列车上遇到了罗伯特·斯蒂芬森，他请求斯蒂芬森看一下自己通宵赶出来的设计图纸，起初，身为执行委员会主席的斯蒂芬森并没有特别重视。但是当他开始阅览图纸时，立即被图纸的内容吸引住了，连手上的香烟已经熄灭都没有觉察，帕克斯顿屏住呼吸静静地等着结果。在斯蒂芬森的帮助下，帕克斯顿设计的主展馆方案被白金汉宫接受。1850年7月15日，执行委员会宣布接受这个方案。然后决定由福克斯和亨德森公司协助帕克斯顿完成工程，负责施工的工程师是威廉·巴洛（William Barlow）和查尔斯·福克斯爵士（Charles Fox，1810—1874）。欧文·乔恩斯（Owen Jones，1809—1874），《装饰语法》一书的作者，负责装饰工作。1850年7月契约签订后，施工图在七周内完成，工程以几乎不可思议的进度展开，12月安装玻璃，1851年1月，工程全部完成，每一个构件均经测试后组装，保证了博览会于1851年的5月1日按时开馆。主展馆建成之后，受到公众的好评，也得到维多利亚女王的赞扬。人们从世界各地赶到伦敦像朝圣一样前往参观。

帕克斯顿原先是一位园艺师和温室设计师，起初是德文希尔公爵的园林工人，后来成为公爵的朋友兼家务总管和顾问。他在1840年用铁和玻璃为公爵造了一座著名的暖房，1850年又为公爵的珍奇的王莲

图1-2(上左)
帕克斯顿的设计草图

图1-3(上右)
1851年伦敦世博会的水晶宫

修建了莲房。相传帕克斯顿曾经将一位英国探险家从圭亚那带回英国的王莲种子培育绽放出美丽的花朵和茂盛的叶子，并将王莲献给维多利亚女王。王莲越长越大，有一天，帕克斯顿把7岁的女儿放在一片巨大的叶子上欣赏莲花，水上漂浮着的莲叶竟然能承托起人的重量。帕克斯顿翻转莲叶观察叶子的结构，粗壮的经脉呈环形纵横交错，既美观又能承担很大的荷载，给了他很大的启示。不久，他在为王莲建造查兹沃斯温室时，就仿照王莲的叶子，采用肋拱结构，这是仿生结构的优秀实例，也为他日后设计水晶宫奠定了基础。

他的最初构思画在一张吸墨纸上，以睡莲和榆树作为创意的出发点(见图1-2)。帕克斯顿把温室建筑的结构大胆地应用在设计上，整个建造工期只用了6个月，虽然在建筑风格上它们还受制于古典风格，但作为打破欧洲石砌建筑传统，建造全新的空间体验，并引发以后关于现代建筑设计理论和思潮的起点，其影响和作用是不言而喻的。

这座最具代表性的主展馆由于采用了玻璃和铸铁预制构件，由于其晶莹剔透的建筑效果，被称为“水晶宫”。水晶宫成为划时代的建筑，它是第一座运用当时的现代建筑材料建造的建筑，是第一座能够在同一天容纳十万人的大型建筑，是第一座使用成批工厂工艺建造的建筑(见图1-3)。

水晶宫促进了19世纪中叶建筑技术的发展，也成为建筑走向工业化的标志，被称为是工业化建筑的先驱，对19世纪和20世纪的建筑产生了不可估量的影响。水晶宫建筑无论作为技术进步的标志，还是作为把现代材料应用于现代设计的成功想象，大约都要算是中世纪大教堂的尖顶拱和飞扶壁设计问世以来的最重大的建筑贡献了。这种概念以轻质的玻璃-钢铁框架结构替代了沉重的砖瓦水泥结构的建筑形式，同时，新的设计概念又以纯粹的单纤维玻璃构成的开放空间，替代了以承重墙四面合围形成的沉重感和封闭感。于是乎，原来开阔的区域，由于在眼睛和景观之间（或者与天空之间）仅仅插入一些建筑物的线条而变得更加开阔了。水晶宫的建筑形式和结构被欧洲各国和美国的许多城市仿造，这种展馆的形式在以后的许多届世博会上反复应用。建筑师帕克斯顿也被看作是现代建筑之父（见图1-4），帕克斯顿也在1854年担任英国议会考文垂的议员，直至去世。

除此之外，海德公园中有一片壮丽的榆树需要保留，曾经有过议论，要求搬迁种植在海德公园的榆树，但最终遭到了否决，原因

图1-4
1851年伦敦世博会开幕典礼

图1–5
水晶宫全景

是场址的环境必须在世博会后保持原状。因此，帕克斯顿采用了108英尺的大跨度筒拱顶，其高度相当于巴黎圣母院，水晶宫的方位是由4棵大树所限定的。这可以说是城市建设考虑环境保护的最早实例。

在这个巨大的预制建筑的项目中，需要大量的铁和玻璃以及其他材料，其覆盖面积是罗马圣彼得大教堂的4倍，只有审慎的组织才能使这个工作在如此短的时间内得以完成，所以水晶宫的主要成就表现在组织和规划方面。同时，水晶宫的重要性并不在于解决了什么静力学问题，也不在于预制构件的工艺过程和技术方法的新颖，而在于技术手段与建筑的表现之间的新型关系。水晶宫是采用铸铁和玻璃作为主要材料，以传统温室结构为蓝本，采用便捷迅速的预制装配方式进行施工的大型展览建筑。水晶宫总长约564米（1 851英尺），象征着举办第一届世博会的1851年，这个长度超过了凡尔赛宫；宽124米，建筑室内总面积为92 146平方米，底层和各陈列室有超过13 000米的展览台（见图1–5）。建筑共三层，外形逐层收退，立面正中有凸出的半圆拱顶，顶下的中央大厅由地面到最高处约33米，超过威斯敏斯特教堂的高度。大厅宽约22米，左右两翼大厅高约22米，这个高度使水晶宫能够保留海德公园原有的大榆树，大厅两旁楼层形成跑马廊（见图 1–6）。

整个建筑占地 7.27 万平方米，共动用了 293 635 块平板玻璃，重达 400 吨，相当于 1840 年英国玻璃总产量的三分之一，在当时是设计上采用的最大的玻璃板。1845 年，英国取消了征收玻璃税的政策后，泰晤士平板玻璃厂一周的产量相当于从前全国的玻璃总产量。玻璃已经成为可以广泛使用的建筑材料，也预示了 20 世纪是玻璃与钢的现代建筑时代。另外还有大约 87.47 公里长的地下水管、3 300 根铸铁柱子、2 150 根梁、372 根屋面大梁、1 128 根走廊支柱，总共用了将近 1 万吨铸铁。38 公里长的排水管以及大约 402 公里长的木窗框和约 93.45 万立方米的铺地板材等等（图 1–7 系世博会期间的水晶宫室内场景）。

水晶宫建成后，伦敦掀起了一场反对水晶宫的浪潮，主要原因是对建筑的安全表示担忧，于是质疑这种新的建造技术。许多反对者搬出数学家的计算，认为水晶宫将会被第一场强风吹倒，工程师们也说水晶宫会开裂，砸死参观者。尽管这一届世博会取得了巨大的成功和国际影响，水晶宫一直遭到哲学上的争论，包括在建筑史和艺术史上

图1–6(下左)
水晶宫内保留的榆树

图1–7(下右)
世博会期间的水晶宫室内场景

图1–8
伦敦世博会闭幕典礼

都十分出名的英国艺术家、诗人和工艺美术家威廉·莫里斯(William Morris，1834—1896）以及英国学者、艺术评论家约翰·罗斯金(John Ruskin，1819—1900)都猛烈地抨击机器技术时代，水晶宫被他们丑化为只不过是一间“种黄瓜的温室”(图 1–8 系伦敦世博会闭幕典礼)。

水晶宫展出了最早由蒸汽动力发动的电梯、树胶材料、柯尔特左轮手枪、麦考密克收割机、播种机、缝纫机、银版照相、印度的科·伊·诺尔钻石、煤气灶、快艇等。

1852 年，水晶宫移至伦敦南部的锡德纳姆山重建，工程师是布鲁内尔(Brunel)，1854 年建成，建筑作了一些改动，长度缩短，设置了三个耳堂，两座 12 边形高 76 米的水塔。在使用面积上锡德纳姆的新水晶宫远远超过水晶宫，添建了一些仿古代埃及、希腊、罗马、尼尼微以及拜占庭、哥特式、文艺复兴、中国式、摩尔式的庭院，展示了足尺比例的史前遗址，在公园的湖畔还竖起了恐龙。在建成的 80 年间，作为世界各地艺术品的博物馆，曾举办过各种演出、展览会、音乐会、足球

图1–9(上左)
移建后的水晶宫内景

图1–10(上右)
维多利亚和艾伯特博物馆

比赛和其他娱乐活动,每年吸引了大约 200 万人来参观,并因其焰火表演而享有盛名(见图 1–9),可惜,水晶宫在 1936 年毁于一场大火。

以后的都柏林、慕尼黑博览会都采用了类似水晶宫的建筑作为主展馆,慕尼黑 1854 年水晶宫的建筑师是奥古斯特·冯·瓦泰(August von Voit,1801—1870),长椭圆形的建筑长 233 米,美国纽约 1853 年世博会也都用水晶宫作为展览馆。

1862 年在伦敦的南肯辛顿地区举办了“工业与艺术世界博览会”,展出的是 1851 年以后的工业和艺术成就。这届博览会的展馆面积比第一届伦敦大博览会还要大一些,占地 12.5 公顷,39 个国家参展,参观人数为 609 万。1862 年伦敦世博会具有重要的影响,这届博览会建立了集中的文化中心——肯辛顿博物馆群。包括维多利亚和艾伯特博物馆(见图 1–10)、自然历史博物馆、科学博物馆等。博览会获得的长期使用的土地,世博会遗留的建筑塑造了伦敦当年的郊区,推动了伦敦城市的发展。

二、维也纳的“世界第八奇迹”

奥地利是举办世博会的第一个德语国家,这届世博会于 1873 年 5

月 1 日开幕,10 月 31 日闭幕, 占地 233 公顷, 有 35 个国家参展,725 万人参观了这届为纪念奥地利国王约瑟夫继位 25 周年而举办的世博会,主题是“文化与教育”。此后很长时间,世博会再也没有在德语国家举办,这个纪录一直保持到 2000 年德国汉诺威世博会。

1845 年,维也纳的人口已经达到 43 万,综合了众多公共建筑和私人住宅的庞大工程——环城大道于 1865 年开通, 国家大剧院于 1869 年开始演出,沿主要的街道修建了许多公共建筑和公园,音乐之都维也纳在作曲家勃拉姆斯、布鲁克纳和马勒等的照耀下欣欣向荣,奥匈帝国的前景一片辉煌。1873 年时,维也纳是中欧最重要的都会,但是当年的奥地利正面临着经济萧条,这届世博会也为维也纳带来了严重的状况,维也纳的证券市场濒临崩溃,欧洲面临着金融危机。参观者担心受当年爆发的霍乱感染,在高昂的物价和住宿费用面前踌躇不前。此外,世博会期间阴雨连绵,而主展馆的屋顶又偏偏漏水,这届世博会在经济上是失败的。

维也纳世博会的场地位于普拉特(见图 1-11), 是以前的皇家猎场,靠近多瑙河,世博会后成为城市公园。为了世博会场地的需要,拆除了中世纪的城墙,还特意将多瑙河改道,并改造多瑙河沿岸的低洼

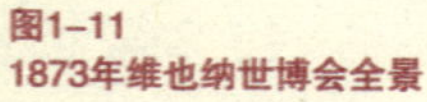
图1-11
1873年维也纳世博会全景

地，为世博会提供了一个临河、靠近公园的理想场地。在维也纳世博会之前，世界博览会还没有形成主题馆、国家馆、地区馆等布展方式，在场馆布局上也没有尝试过分散的方式。在这届博览会的布局上，突破了以往单栋建筑的结构，设置了工业馆、机械馆、农业馆和艺术馆，这四大展馆在以后相当长的时期内成为世博会中最主要的展馆，同时，开始注重周边环境的配合。世博会上，斯特劳斯乐团的演奏响彻着整个园区，成为这届世博会的亮点。

维也纳世博会的主展馆综合了1855年巴黎世博会和1862年伦敦世博会的特点，设计成长方形。建筑师是设计著名的环城大道霍夫堡的爱德华·凡·德·尼尔（Eduard van der Nüll, 1812—1868）和奥古斯特·冯·西夏特斯堡（August von Siccardsburg, 1813—1868），主展馆最后由卡尔·冯·哈泽瑙尔（Karl von Hasenauer, 1833—1894）实施。

展馆的布局具有创意，一个巨大的矩形平面，中心是一个圆顶大厅，东西两边是长条形的中央大道，由大道串起32个肋状展馆。主展馆北侧是长条形的机械馆，平面尺寸是800米×50米。工业馆的构思十分类似1855年巴黎世博会的机械馆，但长度是巴黎的展馆的1.5倍，在博览会后用作储存谷物的仓库（见图1-12）。

图1-12
维也纳世博会总平面图

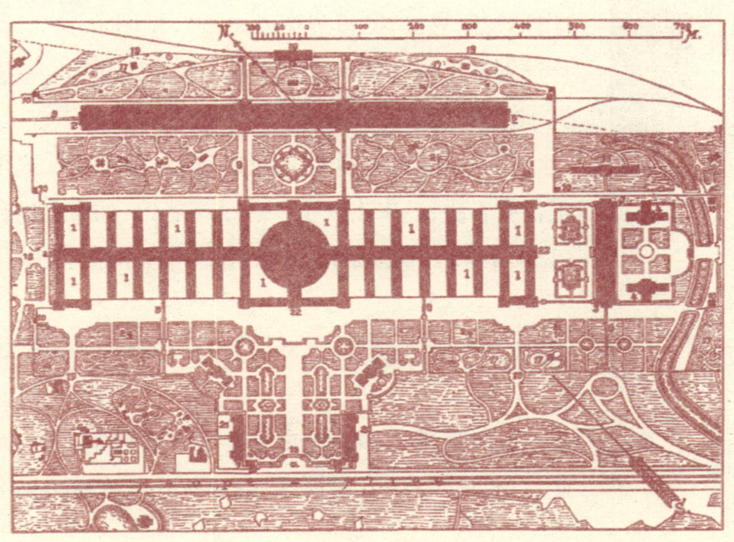

图1–13(上左)
维也纳世博会主展馆

图1–14(上右)
圆形大厅内景

图1–15(下图)
维也纳咖啡屋

主展馆的大圆顶直径为 107 米，是罗马圣彼得大教堂的两倍，高 86 米，是世界上最大的圆形大厅。远看酷似马戏团的大棚。建筑委托曾于 1860 年设计了世界上第一艘全部铁壳战舰的英国土木工程师约翰·斯科特·拉塞尔完成，穹顶用锻铁和玻璃建造，重达 4 000 吨，由 32 根高约 24 米的柱子支撑，建设周期仅 18 个月。穹顶上还有一个直径为 30 米、高 15 米的采光塔，造型酷似奥地利国王的皇冠(见图 1–13)。穹顶上还设置了阳台，观众可以在阳台上观看博览会会场的全景，并眺望城市。这座圆顶大厅建成后，被誉为“世界第八奇迹”(见图 1–14)。圆顶大厅计划在世博会结束后作为永久性建筑使用，一直使用到 1937 年毁于一场大火。

维也纳世博会曾计划建造“世界城市区”，这个动议很快被否决，后来出现了一些小型展馆，如维也纳咖啡屋(见图 1–15)、中国茶馆、印度棚屋和日本村等。

三、墨尔本的皇家展馆和悉尼花园宫

澳大利亚在 19 世纪末举办了一系列博览会，悉尼举办了 1879—1880 年世博会，墨尔本举办了 1880—1881 年

"工业、农业、艺术世界博览会",阿德莱德举办了1887年博览会,墨尔本于1888年举办了澳大利亚百年庆典展览会,布里斯班举办了1897年博览会,霍巴特举办了1894年博览会。约一个世纪之后,布里斯班又举办了主题为"科技时代的休闲生活"的1988年世博会。由于地理位置的缘故,澳大利亚与外界的接触比较少,悉尼博览会和墨尔本世博会的目标是要吸引全世界对澳大利亚的关注,同时也更多地关注世界。

虽然澳大利亚当时的人口只有300万,在相当短的时期内,澳大利亚由一个荒凉的流放苦役犯的殖民地发展为一个文明和民主的国家。1836年时,墨尔本只有177人,1842年成为墨尔本镇,1847年才建市,19世纪50年代的淘金热吸引了大量移民,人口达到8万人。19世纪70年代,墨尔本的制造业欣欣向荣,到19世纪末,墨尔本已经成为全国最大的一般货物吞吐港。

悉尼是澳大利亚最早和最大的城市,最先也是一处英国的囚犯流放地。悉尼在1850至1890年间,人口从6万迅速增加至40万。1855年,第一条铁路通车。世博会的选址是靠近港口的一片空地,博览会后成为皇家植物园(Royal Botanic Gardens),112万人参观了悉尼世博会。主展馆是建筑师詹姆斯·巴尼特(James Barnet,1827—1904)设计的花园宫(Garden Palace,见图1-16),博览会后改作悉尼市矿业和技术博物馆。

图1-16
悉尼世博会花园宫

图1–17(上图)
花园宫全景

图1–18(下图)
大火中的花园宫

花园宫采用了铸铁和玻璃建造，外面包装成古典主义建筑的造型，平面采用希腊十字，十字形的边长达244米，穹顶的直径达64米，立面上对称地布置了两座平面为正方形的塔楼，顶部的采光亭为开敞式，构图十分完美（见图1–17）。穹顶、塔楼和基础用石材建造，建筑的其余部分则用玻璃、波纹铁和木材建造。悉尼世博会后一直用作采矿和技术博物馆，直至1882年9月22日毁于一场大火（见图1–18）。

巴尼特是澳大利亚殖民地官方建筑师中服务时间最长和最成功的建筑师。在他作为殖民地建筑师期间（1862—1890），新南威尔士正处于繁荣和成长期。巴尼特是苏格兰人，十六岁时前往伦敦，起先做建筑工人学徒，后来向皇家艺术院会员威廉·迪斯（William Dyce）学习绘画，并师从理查森（C. J. Richardson）学习建筑。他于1854年移民到澳大利亚。巴尼特和他的同事所设计的建筑通常用石头建造，质量很好，从风格上讲是典型的新文艺复兴式。巴尼特的代表作品有：悉尼的海关大楼、国土部大楼、殖民地秘书处大楼和邮政总局，古尔本法院，巴瑟斯特的行政建筑群、法院、邮政和电报办公大楼以及国土部大楼。在他所在的大区中，他负责过 1 500 多个工程。

墨尔本在悉尼世博会闭幕后接着举办了 1880—1881 年“万国艺术、农业和工业品博览会”(International Exhibition of Arts, Manufactures and Agricultural and Industrial Products of all Nations. Melbourne 1880 Australia)，1880 年 5 月 1 日开幕，1881 年 4 月 30 日闭幕，占地25 公顷，33 个国家参展，133 万人参观了这届世博会。连续举办世博会的好处是参展国不必作两次长途跋涉，方便移动展品。主体建筑建造在一片没有开发的荒凉平原上，主展馆称为皇家展览馆，顶部有一座号称世界第二的高达 66 米的大穹顶，与伦敦的圣保罗大教堂有些相似。建筑采用文艺复兴风格，采用这一风格表明澳大利亚希望融入世界。皇家展览馆一直保留到今天，20 世纪中叶还曾作为州议院使用，这座建筑今天已经列为世界文化遗产(见图 1-19)。

世博会的场地日后成为今天的卡尔顿花园（Carlton Gardens)，1888—1889 年又进行了扩建，以举办墨尔本百年博览会。悉尼和墨尔本这两届世博会都没有什么特别的贡献，悉尼世博会基本上是农业博览会，墨尔本世博会更强调工业产品，然而，这两届世博会奠定了澳大利亚国际化的基础。

墨尔本世博会的主展馆由建筑师约瑟夫·雷德（Joseph Reed,

图1-19
墨尔本皇家展览馆

1822—1890)和弗雷德里克·巴恩斯(Frederick Barnes)设计,他们俩曾经在一起设计过许多教堂建筑和墨尔本的市政厅等重要建筑。雷德是澳大利亚19世纪最杰出的建筑师之一,墨尔本有他的许多作品,成为墨尔本的标志。他曾专门去意大利考察建筑,在澳大利亚度过了他漫长而多产的职业生涯。他的职业生涯始于墨尔本的公共图书馆。他设计了一个巨大的双层科林斯式柱廊,壁柱被抬高至基座以上,建筑物的细部、柱头和部分室内设计同样赫赫有名。

第2章

世博会建筑与巴黎的荣耀

1789年开始的法国大革命是法国历史上重要的里程碑，它推翻了在法国已经延续了一千多年的封建王朝，率先建立了欧洲先进的社会政治制度。从法国大革命到1871年巴黎公社的这一段“革命的时代”中，法国爆发了5次革命。大约从19世纪30年代开始，法国经历了工业和金融革命，法国的铁路网从1850年的1 931公里，扩展成1870年的17 400公里。巴黎一直自视为世界文化的中心，虽历经长期的发展，城市仍然基本上保留了早期城市的格局。为举办世博会，城市从原来14至16世纪的向东发展，改为向西扩展。

1855年法国第一次举办世博会，这个时期，巴黎正处于动荡中，刚刚经历了1848年的工人起义，巴黎行政长官乔治-欧仁·奥斯曼(Georges-Eugène Haussmann，1809—1891)正在进行大规模的巴黎改造计划，建成或正在建造一批重要的标志性建筑，如马德莱娜教堂(1804—1849)、圣热内维埃夫图书馆(1844—1850)、巴黎歌剧院(1861—1874)、巴黎东站(1847—1852)、新罗浮宫(1852—1857)、国家图书馆(1859—1867)、巴黎歌剧院(1861—1874)等。巴黎人盛赞巴黎是精神城市、艺术之乡、光明之城。当时的巴黎被看作是所有现代城市的缩影，1860年前后，奥斯曼领导的巴黎重建工程已经基本完成。巴黎正在实现现代性的建构，形成了新的城市空间，尽管这一现代化的过程带有摧毁历史的性质。

早在1798年，巴黎就曾经举办过一次工业博览会，但其范围只限于法国。在世博会的历史上，巴黎举办过8届世博会，分别是1855年农业、工业、艺术世界博览会，1867年题为“劳动的历史”的世博会，1878年纪念法兰西共和国成立3周年世博会，1889年纪念法国大革命100周年世博会，1900年“回归19世纪，展望新世纪”世博会，

1925年装饰艺术与现代工业世博会，1931年巴黎国际殖民地博览会和1937年巴黎世博会。

法国举办世博会，为世博会增添了许多文化和艺术的因素，同时也促进了城市形象和旅游业的迅速发展。人们普遍认为19世纪的巴黎在举办博览会方面超过了其他所有的城市。前往巴黎参观博览会的人数从1855年的500万人，增长到1867年博览会的680万人，1878年的1 600万人，1889年的3 200万人，1900年的大约5 100万人。巴黎从1855年起，就决定每隔10年举办一次博览会；法国在1892年申办1900年博览会时提出，今后每隔11年在法国举办世博会。

巴黎世博会对艺术的推动是显而易见的，1855年巴黎世博会集中展示了5 000多件绘画作品。1878年博览会的特罗卡特罗宫，1900年博览会的大宫和小宫等都是为艺术品的展示而建造的展馆。巴黎也是艺术之都，19世纪末有人做过统计，在巴黎的纪念性雕像中，有67座纪念文化名人，65座纪念进步人士，56座纪念政治家，45座纪念艺术家。1870年以前的雕像绝大部分是用来纪念英雄人物或是君主，但是自那以后，纪念艺术家和文化名人的雕像占据了主要地位。

巴黎这座城市在举办历届世博会的过程中，结合了城市的发展，尤其是塞纳河沿岸的发展。世博会成为巴黎城市建设的重要机遇，同时也确定了城市未来发展的空间结构，留下了许多标志性建筑。19世纪60年代开始，巴黎又加强了城市的绿化建设，大大拓展了巴黎市区的绿化空间。法国文艺复兴传统的影响在一些建筑中显而易见，表现出对文艺复兴法则更加激进的一种发展。

1878年巴黎举办纪念法兰西第三共和国成立3周年的万国博览会，开始结合塞纳河地区的发展，1889年世博会又强化了塞纳河这一要素。传统上，塞纳河左岸一直是文化生活的中心，同时又成为世博会的重要轴线。为连接东西两个会址，在塞纳河左岸开发出一块展览空间。这一届巴黎世博会留下了两件标志：有“建筑艺术巅峰”之誉的机械馆和成为巴黎象征的埃菲尔铁塔。

1900年巴黎以“回归19世纪，展望新世纪”为主题的世博会进一步向塞纳河两岸延伸，从原来的塞纳河左岸单面场地发展成塞纳河两岸的场地，兴建了亚历山大三世桥以及作为1900年世博会主展馆的大宫和小宫等重要历史建筑。1900年巴黎世博会给城市带来了更为彻底的变化，继1863年伦敦地铁、1871年柏林地铁、1872

图2–1
奥尔赛火车站

年纽约地铁和1894年维也纳地铁之后，巴黎成为世界上第五座建设地铁的城市。同时，奥尔良铁路公司也修建了奥尔赛火车站，这座车站在今天已经改建为收藏法国19世纪艺术的奥尔赛博物馆（见图2–1）。世博园区的建设为巴黎城市西区的城市空间带来直接的影响，从而奠定了巴黎西部第七区的城市格局。

1925年的世博会虽然只是一届专题博览会，却推动了现代建筑的发展，将装饰艺术风格流传到全世界。

巴黎的城市建设由于8次成功举办世博会而享誉世界，但是自从举办了1937年世博会以后，巴黎就再也没有举办过世博会。巴黎借助世博会不断整合城市发展的经验在筹备1989年世博会时遇到了新问题，巴黎原定在1989年举办以“自由之路，第三个千禧年的计划”为主题的博览会。为此，巴黎的两片废弃地被选作会址，一片位于今巴黎西区的雪铁龙公园，另一片位于巴黎东区塞纳河左岸的今密特朗国家图书馆和塞纳河右岸的今贝尔西公园位置。由于缺乏城市总体规划的战略指导，两块基地相距较远，又缺乏交通联系，这一选址引发了对举办这届世博会的诸多争议。参加规划方案竞赛的建筑师也显得无所适从,不得不从两块基地中选择一块进行设计。由于缺乏统一的规划,这些方案只是为了办博览会,世博会的计划与城市的发展之间没有形成协调的关系,最终不得不在两年后宣布放弃1989年世博会的计划。这个例子说明世博会与城市规划的关系带有根本性和决定性的意义。

巴黎也曾计划举办2004年圣但尼世博会,由于经济原因而取消。这届世博会的选址在世界杯的场地附近,其初衷显然是想通过世博会振兴该地区。

一、巴黎的椭圆形大展馆

1851年伦敦世博会的成功促使法国举办1855年巴黎"农业、工业和艺术世界博览会",这是第一次在巴黎举办的世博会,从此,世博会注入了法国文化的特质。由于当时的法国皇帝拿破仑三世曾经流亡英国多年,在他回到法国后催生了1855年巴黎世博会。尽管法国民众对这届博览会倾注了热情,然而,这届世博会却拙劣地模仿了伦敦世博会。

1855年法国巴黎世博会于1855年5月15日开幕,11月15日闭幕,占地152公顷,25个国家参展,516万人参观了博览会。博览会的产业宫采用了半圆形拱式桁架结构,长192米,其跨度达48米,打破了意大利罗马万神殿穹顶曾经领先世界的41米跨度,成为当时世界上跨度最大的建筑物。博览会沿塞纳河建造了一座长达1 200米的机械馆,1867年和1888年的巴黎博览会都使用了这座展馆。博览会上展出了建筑领域的许多成就,包括起重机、挖土机、压缩空气打桩机、瓦楞铁皮、模压瓦、采石机、利用水和蒸汽的热力设备以及通风装置等。

1855年和1867年巴黎世界博览会的产业宫以及1862年伦敦世界博览会的会场也都采取了单幢建筑的形式(见图2-2)。1855年巴黎世博会和1862年伦敦世博会无论在展示理念和规模上都十分相仿,展馆也都仿照水晶宫的模式,都是拉长的矩形,以容纳各个展览的分部(见图2-3)。在各届世博会的建设上,在建筑师和工程师的合作上,往往是工程师占主导地位,建筑师只是给建筑穿上一件古典主义的外衣。一般来说,展馆的主体结构材料是玻璃和铸铁,只是在展馆的转角和展馆的中央部分使用丰富的装饰(见图2-4)。

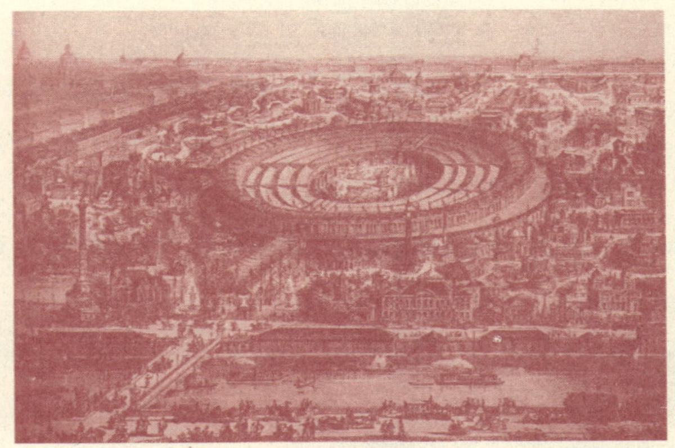

图2-2(上左)
1855年巴黎世博会产业宫

图2-3(上右)
1855年巴黎世博会主展馆

图2-4(下左)
1855年巴黎世博会主展馆内景

图2-5(下右)
1867年巴黎世博会全景

1867年4月1日至11月3日，在巴黎的战神广场举办了题为“劳动的历史”的世界博览会，战神广场曾经用作1798年法国国家展览会的会场。这届世博会占地67公顷，共有42个国家参展，1 500万人参观了这届世博会。

1867年的巴黎世博会在建筑上有了新的创造。这届世博会的主展馆的形状是椭圆形，椭圆的长轴为198米，短轴为100米（见图2-5）。共有7个集中布置的展览大厅，每个大厅展出特定的展品。这个设计理念源自乔治·莫(George Maw)和爱德华·佩恩(Edward Payne)为1862年伦敦世博会提出的创意，并加以拓展，使之更具逻辑性。这种布局的优点是各参展国可以像切蛋糕那样分配展览场地，有利于分布总共有95类的展品。从展馆周边向中心的横断面则按国家布置，参观者也可以在环游展馆时选择特别的项目参观，或者参观自己感兴趣的国家展馆。然而事实上，由于参展国的某些分类的展品数量不足，这种布展方式在运行时并不尽如人意。

由于以前的博览会上，布置在楼上的展品只有很少人问津，因此，这届博览会决定将所有的展品都放在地面的同一层展示。根据这种展示方式，需要490米×390米的展示面积。博览会的主展馆设置了一条中央大道，大道上的布展名为“地球的历史”。沿中央大道的轴线两侧布置建筑，与次干道相交，中央部分是一座花园，种植了棕榈树，庭院中还有许多雕塑(见图2-6)。

1867年巴黎世博会的主展馆的设计师是采矿工程师、社会学家弗雷德里克·勒普拉(Frédéric Le Play，1806—1882)，勒普拉在1855年被任命为博览会的总监(见图2-7)。此前，曾经为伦敦1851年世博会提出过方案的法国建筑师埃克托尔·奥罗也曾经设法让他的1849、1851、

图2-6(上左)
1867年巴黎世博会主展馆内景

图2-7(上右)
勒普拉的1867年展馆方案

1862年的展馆方案被人们所接受。这一次，他设计的是一座624米×200米、大厅跨度为60米的长方形建筑，端部为半圆形。他的方案仍然没有被接受，于是他离开法国去英国。在1859年，他曾经举办过一次作品展，包括他为博览会设计的1836年、1851年和1855年展馆，以及其他政府大厦、桥梁等的设计，巴黎歌剧院的方案和其他一些学校、旅馆的设计等。以后，他曾经为马德里设计过一座市场(1868)，为开罗设计了一座剧院(1870)。法国著名建筑师维奥莱-勒-杜克(Eugène Emmanuel Viollet-le-Duc，1814—1879)曾经于1868年在为《建筑师报》撰写的一篇文章中赞扬他是20世纪的预言家。奥罗的革命性思想使他参加了巴黎

公社，在起义失败后被捕，在监狱里关了五个月，1872年故世。

这届世博会还在香榭丽舍大道旁建造了工业馆，用作举办艺术沙龙。世博会后，用作马术展览和花展等。

巴黎人特别欣赏非欧洲国家的展馆，这些展馆有许多演出，创造了活跃的气氛，在表现新发展的同时，又生动地肯定传统，其中包括一座中国戏院和茶馆、伊斯兰风格的建筑等。

当时，巴黎的住房问题比较突出，一是由于金融、土地开发和新的建筑体系的影响，出现了住宅居住人群的隔离问题，巴黎周边出现了为满足工人阶级需求而建造的住宅。就总体而言，土地与建筑都十分昂贵。其次，有三分之二的穷人家庭只有一间斗室容身，甚至有的出租公寓像兵营一样，每间房间都放满了床，供低薪单身工人居住。第三，巴黎周围分布了许多贫民窟。因此，博览会期间举办了设计竞赛，以图解决住房问题。

二、工业宫和特罗卡特罗宫

为纪念法兰西共和国成立3周年，并摆脱普法战争失败的阴影，显示法国的重要性，巴黎从1855年起，就决定每隔10年举办一次博览会。为此，巴黎再度在战神广场举办了1878年世博会，主题是“农业、艺术与工业”（Agriculture，beaux-arts et industrie）。这届世博会共占地75公顷。这届世博会的准备有些仓促，从1876年4月决定举办世博会，到1878年5月20日世博会开幕，只有两年的时间。直到世博会开幕典礼时，仍有一些展览馆的脚手架尚未拆除。这种现象在以后的世博会中屡见不鲜。尽管如此，截至11月10日闭幕，共有1 615万人参观了这届世博会。这届世博会的举办向世界昭示了法国摆脱内外战争忧患后的重现崛起（见图2–8）。

这届世博会创造了建筑技术史上的成就，有一条地下铁路将特罗卡特罗宫与工业馆相连接。整个供水系统显示了高超的工程技术水平，4台水泵将塞纳河水抽上来，经过23公里长的管道，将水输送到博览会的每个角落。利用水来操纵电梯和喷泉，让水流入工业馆的地板下面来降低室内气温。4 000盏电灯也成为这届世博会的亮点。

图2-8(上图)
1878年巴黎世博会全景

图2-9(下图)
1878年巴黎世博会主展馆

这届世博会召开了38个国际大会，另外有18个大会在博览会以外举行。博览会上展出了爱迪生的喇叭筒形留声机和钨丝灯泡、贝尔的可视发音系统，同时也展出了制冰机。

1878年巴黎世博会的主展馆仍然是工业宫（Palais de L'Industrie），其中包括了机械馆，建筑师是利奥波德·阿迪（Léopold Hardy）和夏尔·迪瓦尔（Charles Duval）。馆内部分高25米，跨度为35米，中间没有支柱，建筑结构的重力通过建筑的框架传递到基础上。结构设计十分大胆，结构工程师是亨利·德迪翁（Henri de Dion），可惜的是工业宫建成之前，德迪翁就去世了。后来设计了1889年埃菲尔铁塔的埃菲尔负责设计曲线形的金属屋面以及展馆北侧的门厅。工业宫不仅在建筑造型上精心设计，其功能也是一流的（见图2-9）。

工业宫的造型完全采用古典主义风格，外观采用了铸铁和玻璃，使这座建筑带有现代的气息。夜晚，室内的电灯使建筑变得通亮，这就是爱迪生发明灯泡之前的电灯。工业宫的体量相当庞大，平面尺寸为346米×705米，远远超过了费城世博会主展馆的规模。为了弥补基地的不平整，整个展馆下面建造了一个地下室，里面安装了通风管道系统，使巴黎世博会成为第一个采用空调系统的博览会。建筑平面采用长方形，所有的构件都考虑了标准化，以便日后拆除时，可以重复利用这些构件（见图2–10）。

这届世博会建造了特罗卡特罗宫（Palais du Trocadéro）作为主要展馆之一的艺术宫，建筑师是加布里埃尔–让–安托万·达维乌（Gabriel-Jean-Antoine Davioud, 1823—1881），工程师是朱尔·布尔代（Jules Bourdais）。达维乌曾经师从于法国著名的古典主义建筑师维奥莱–勒–杜克和沃杜瓦耶（Antoin-Laurent-Thomas Vaudoyer，1756—1846）。达维乌是法国风景如画风格建筑的代表人物，在设计特罗卡特罗宫以前，曾经参与设计著名的巴黎老市场以及布洛涅森林公园内的一些展馆和建筑，还曾经设计过巴黎的一些公园，巴黎的香榭丽舍大道的景观设计也是他的手笔，另外，巴黎有四座喷泉是他设计的，著名的水堡、天文台、法兰西剧院、沙特勒特剧院以及共和国宫都是他的作品。

特罗卡特罗宫位于塞纳河畔的小山丘上，正对着塞纳河折向西南河湾处的战神广场和著名的军事学院，地理位置十分优越，从这里可以纵览全城。长期以来，这块场地的纪念性一直是人们垂涎的目标。拿破仑曾经想在这里建一座宏伟的宫殿，请法国著名的新古典主义建筑师皮埃尔–弗朗索瓦–莱昂纳尔·方丹（1762—1853）和夏尔·佩西耶（1764—1838）设计，但是工程一直停留在开挖阶段。当时的负责巴黎改建的官员奥斯曼希望把这块地变成一座公园，作为城市的观景平台。直到1876年，当时的政府才决定在这里建造一个歌剧院和艺术画廊，以满足1878年世博会的艺术展览的需要，这就是特罗卡特罗宫。

特罗卡特罗宫的功能包括一个4 500座的音乐厅、会议厅和艺术展厅（见图2–11）。与工业宫形成对照，特罗卡特罗宫的造型仿照古罗马的圆形剧场，以地地道道的19世纪穹顶覆盖着新式的罗马建筑。有两座摩尔式的宣礼塔状的高塔，对称地布置在主体建筑的两侧，从塔上可以俯瞰世博园的全景。典型的折衷主义式的特罗卡特罗宫无疑是这届世博会最雄伟的建筑。

图2–10(上图)
1878年巴黎世博会工业宫内景

图2–11(下图)
特罗卡特罗宫

图2-12(上图)
正在拆除的特罗卡特罗宫

图2-13(中图)
沿万国大道修建的各国展馆

图2-14(下图)
特罗卡特罗宫公园内的摩尔村

在建筑技术方面，特罗卡特罗宫也有新的发明创造，显示了法国工程师在工程技术方面的才华。4 000盏电灯照亮了整幢建筑，世博会园区有一套供水系统，四套大型的水泵把塞纳河水通过长长的管道输送到世博会的各个角落。工程师把水引至特罗卡特罗山顶，再用特罗卡特罗宫的水塔来操纵液压电梯，以解决垂直交通问题，乘客可以从墙上的仪表上观察电梯升降的速度。工程师们还利用水塔来控制喷水池、水塘和特罗卡特罗水族馆。在盛夏季节，还利用水来降低大楼的室内气温，堪称最早的空调系统。

尽管建筑的声学效果很差，在一开始特罗卡特罗宫就获得很大的成功。世博会期间，在特罗卡特罗宫的音乐厅内，每晚都举办音乐会，曾经举办了国际合唱比赛，成为世博会上最吸引人群的活动场所。许多重要的国际会议也在此举行，特罗卡特罗宫最终在筹备1937年世博会时被拆除(见图2-12)，在这块基地上建造了夏乐宫。

在世博会期间，各参展国的展馆沿着万国大道修建，显示了丰富多彩的建筑风格(见图2-13)。特罗卡特罗宫公园内还建造了摩尔村(见图2-14)。

三、埃菲尔铁塔和机械馆

1889年，为纪念法国大革命100周年，巴黎第三次举办了世博会（Commémoration du centenaire de la Révolution française)。这届世博会于1889年5月5日开幕，当年10月31日闭幕，参展商61 722家，占地96公顷，35个国家参展，共有3 225万人参观了博览会。一些君主国家抵制这届世博会。这届博览会的总建筑师是欧仁-阿尔弗雷德·埃

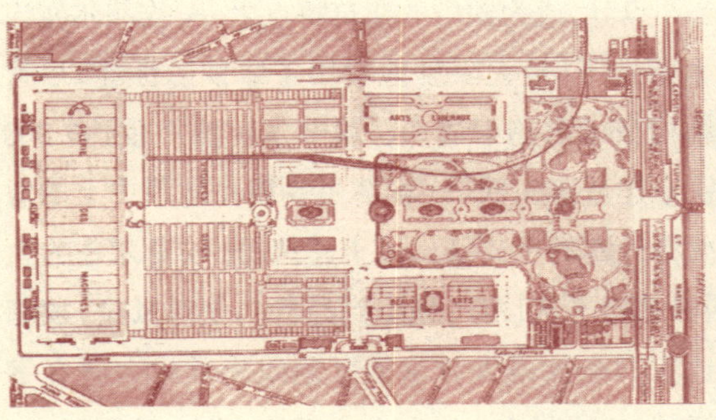

图2-15(上左)
1889年巴黎世博会总平面图

图2-16(上右)
1889年巴黎世博会全景

纳尔(Eugène-Alfred Henard,1849—1923),他也是当时巴黎的总建筑师(见图2-15)。

1885年,法国工程师朱尔·布尔代(Jules Bourdais)提出了一个构思,在荣军医院广场竖立一座300米高的水泥塔,起名为“太阳柱”,塔顶上将设置一个光源和一个抛物线形的镜子系统,来照亮整个巴黎,高塔作为标志的构思成为300米高纪念碑建筑的最初雏形。

1886年,法国政府在筹备1889年纪念法国大革命100周年的巴黎世博会时,举办了纪念建筑的设计竞赛,征集了700多个方案,其中土木工程师古斯塔夫·埃菲尔(Gustave Eiffel,1832—1923)设计的300米高露空格构铁塔方案中选。设计方案利用了关于金属拱和桁架在受力情况下发生变化的先进知识,满足了当时主办者要求这座纪念碑式的建筑物体现“冶金工业的原创性杰作”的愿望。铁塔的设计预示了土木工程和建筑设计的一次革命,铁塔的位置就正对着特罗卡特罗宫,是巴黎世界博览会的入口拱门,铁塔于1887年1月28日破土动工(见图2-16)。

铁塔的承包人是埃菲尔,工程师是莫里斯·克什兰(Maurice Koechlin)和埃米尔·努吉耶(Émile Nouguier),建筑师是索韦特(Sauvestre)。一共有50位工程师、设计师参加绘制了5 300幅设计图纸,100位工人制作了18万块铁材零件。铁塔由15 000个锻铁构件和105万个铆钉组成,出于工程和美观上的考虑,铁塔的底部为四个半圆形拱,因而要求电梯沿曲线上升。埃菲尔铁塔的玻璃外壳的电梯由美国奥蒂

图2-17(上图)
施工调试中的铁塔

图2-18(下图)
埃菲尔铁塔

斯电梯公司设计，成为铁塔的建筑特点之一。埃菲尔在当时的技术条件下，最大限度地使用了锻铁的性能，尽管当时钢结构技术已趋于成熟，埃菲尔仍然用重达7 300吨的锻铁来建造这座铁塔。埃菲尔铁塔在建筑史上的意义是首次将外露的金属结构用于建筑上。埃菲尔作为企业家，同时承担了从设计、施工到经营的全部风险。埃菲尔铁塔比罗马圣彼得大教堂的穹顶或埃及的吉萨金字塔高一倍，但与这些古老的纪念性建筑相比，费用极少，人工很省，工地上一共只有132名工人，所有的构件都在工厂制作，在现场装配，建造工期历时21个半月，铁塔于1889年5月15日正式启用(见图2-17)。铁塔的原始高度为312.27米，加上天线是320.75米，在美国纽约的克莱斯勒大厦于1930年建成之前，埃菲尔铁塔保持世界最高建筑的纪录，它的高度几乎是高160米的德国乌尔姆中世纪大教堂和170米高的华盛顿方尖碑(1884)的两倍(见图2-18)。

铁塔由装在乳白色玻璃器皿内的9万个煤气喷嘴点亮作为照明，铁塔第一层平台设有一家佛兰芒式酒吧，三家餐馆，分别是俄式、英式和法式。第二层平台有《费加罗报》的印刷厂和一间编辑室，在世界博览会期间，每天发行4页篇幅的报纸。第三层276.13米标高平台有一间电报间对外营业。在整个博览会期间，铁塔接待了189万多名游客。

埃菲尔是法国工程技术文化的代表人物。他于1832年诞生在法国的第戎，1855年从法国中央工艺和制造学院毕业。毕业后专门致力于金属结构建筑，尤其是桥梁。1858年起，埃菲尔主持建造了波尔多铁桥和其他几座桥梁，并为1867年巴黎世博会设计了高大的拱形机械馆。

1877年设计建造了葡萄牙杜罗河上一座跨度为160米的钢拱桥。以后又在法国南部的特吕耶尔河上建造了跨度为162米、桥面高出水面120米的钢拱桥，长期以来，特吕耶尔桥一直是世界上最高的桥。埃菲尔首先创造了用气压沉箱造桥的方法，他曾设计了尼斯天文台的活动圆顶，纽约自由女神的骨架也是他设计的(见图2–19)。埃菲尔也超前于他的时代，在铁塔顶部他有一间实验室，进行飞行器的试验。1907年出版了他的研究成果《试验性研究》。他的飞行器试验产生了名为布勒盖L.E.的飞机，埃菲尔铁塔成为试验工程师与飞机技术之间的桥梁。

图2–19
工程师埃菲尔

埃菲尔最杰出的成就是1889年巴黎世博会的标志——埃菲尔铁塔。当时，美国的费城在筹备1876年世博会时，美国工程师克拉克和里夫斯也曾设计了一座1 000英尺(300米)高的铁塔作为博览会的标志，但是，始终没有建成。

对于铁塔的建设，巴黎的艺术家和文化人掀起了一场猛烈的反对运动，1887年2月14日的《时代报》刊登了一群艺术家以“保护良好审美情趣”和“受到威胁的法国文化和历史”的名义给博览会负责人的抗议信，在信上签名的有作曲家梅索尼耶和古诺，设计了巴黎歌剧院的建筑师加尼耶，画家布格罗，作家小仲马、莫泊桑，剧作家萨尔都，诗人苏利·普律多姆等。信中说：“我们，作家、雕塑家、建筑师和画家，以及一群直至现在之前尚未被糟蹋的巴黎的美的激情热爱者，现在以保护良好审美情趣的名义，以受到威胁的法国艺术和历史的名义，奋起抗议建造一无是处的埃菲尔铁塔。难道巴黎这座城市将以一名巴罗克和商业化工程师的意图去冒险，用不可救药的方式救赎背叛自身的荣耀吗？因为，连商业化的美国都不想要的埃菲尔铁塔，无疑将成为巴黎的耻辱。”[①]埃菲尔在“艺术家请愿团”前为自己的设计辩护时，审慎地列举了铁塔未来的用途：空气动力学测量、材料耐力研究、登山生理学研

① 转引自Klaus Reichold & Bernhard Graf. Buildings that Changed the World. Munich. Prestel. 2004. 142。

究、无线电研究、电信功能、气象观察等,他也反驳说:“有谁可以对从未体验过的巨大的纪念性物质的美丽,在它未建成之前就给予评价呢?”①

许多人从传统建筑美学的角度不能接受埃菲尔铁塔,甚至有一位叫约里斯-卡尔·于斯曼(Joris-Karl Huysmans,1848—1907)的著名作家在他写的一本《确凿无疑》书中预言,现在的埃菲尔铁塔只是一个框架,以后会用砖和砌体填满,他认为框架结构不是建筑,是不能接受的。

正如当年有科学家预言帕克斯顿的水晶宫会倒塌一样,有一位数学家在铁塔造到228米高度的时候,曾经预言铁塔将倒塌。1888年初,铁塔建造到了第一层57.33米标高的餐厅平台;1888年5月15日,铁塔建至第二层115.73米标高的平台。1888年12月,铁塔举行了世博会启用典礼,由于电梯尚未安装完成,埃菲尔不得不攀登1 710级楼梯到塔顶。

虽然在建造之前人们众说纷纭,对其褒贬不一,然而当埃菲尔铁塔最终于1889年3月31日伫立在世人面前的时候,人们对它的评价是“它压塌了欧洲”,原先的批评变成了赞颂。埃菲尔也被誉为“用铁创造了奇迹的人”。

批评埃菲尔铁塔的作家莫泊桑经常在铁塔上用午餐,虽然他并不喜欢那里的菜肴,但是他常说:“这是巴黎唯一的一处不是非得看见铁塔的地方。”铁塔已经成为巴黎的自然景观,在一天中的任何时刻,巴黎人的目光大概都不会不触及到铁塔。铁塔也已成为巴黎乃至法国的象征。历史上,只有极少数的建筑才能成为国家的象征。埃菲尔铁塔改变了人们认识自己城市的方式,也改变了人们的生活方式。

埃菲尔铁塔原计划在博览会结束20年后拆除,由于新时代的要求,埃菲尔铁塔于1916年承担了第一次世界大战无线电通信天线的职能,躲过了被拆除的厄运,并成为巴黎的新的游览名胜,埃菲尔铁塔也躲过了世界大战的战火。在1937年巴黎世博会期间,有部分历史遗留下来的铁塔装饰被移走,以体现现代性。1964年,埃菲尔铁塔被列为历史文化遗产。为纪念铁塔建成100周年,在1981年开

---

① 斋藤公男:《空间结构的发展与展望——空间结构设计的过去·现在·未来》,季小莲、徐华译,北京,中国建筑工业出版社,2006年,第75页。

始，历时两年，对铁塔进行修复，修改结构，减轻了1 343吨重量，新的升降梯可以直达塔顶。

1889年巴黎世博会还有一件建筑工程技术的伟大成就，就是离埃菲尔铁塔不远的机械馆（Galérie des Machines），被誉为"建筑艺术的巅峰"。机械馆由建筑师费迪南·迪泰特（Ferdinand Dutert，1845—1906）和工程师维克多·孔塔曼（Victor Contamin，1840—1898）设计（见图2-20）。这座巨大的建筑物表现了全新的空间观念，运用了当时桥梁结构上最先进的钢制三铰拱结构和技术，使其跨度达到115米，长度达到420米，高达55米，刷新了世界建筑的纪录（见图2-21）。它是第一座三铰拱结构，也是有史以来第一个钢结构建筑。机械馆有20个弓形桁架，外墙是玻璃墙面，虽然仍然带有古典装饰，但是在建筑立面处理上使室内外融为一体，也是一项突破。当时，人们抱怨巨大的展馆使得最大的机器都相形见拙，盛夏期间，玻璃屋顶吸收的热量都积聚在大厅内，使室内的气温居高不下。

图2-20(上左)
机械馆外观

图2-21(上右)
机械馆内景

图2-22(下图)
机械馆三铰拱支座

机械馆在审美观念上有很大的突破，传统的砖石建筑，墙的底部应力增大，需要厚重的基座。而钢结构支撑框架的结构在基座的部位可以缩小而不必加大。机械馆采用三铰拱结构，推力平均作用在顶端和基础的铰点上，梁柱不再是分开的单元，结构具有整体性，宛若一气呵成（见图2-22）。但是，这座巨大的结构曾经被人们批评为建筑比例

图2-23
机械馆立面细部

和细部的失败(见图2-23),机械馆于1910年被拆除。迪泰特后来又设计了巴黎国家历史博物馆(1896),仍然采用外露的金属结构。

设计巴黎歌剧院的建筑师路易-夏尔·加尼耶(Louis-Charles Garnier, 1825—1898)为这届博览会的"人类聚居的历史"展览设计了44幢房子,这个展览使法国人第一次亲眼目睹法国殖民地的异国风情。

这届世博会还有其他一些特点,沿会场四周修建的环形铁路使观众可以方便地乘车参观各个景点。照明设备、汽油驱动汽车、留声机是博览会上最受欢迎的展品,美国发明家爱迪生在博览会上展示了他所获得的4 000项专利。博览会还展出了轮船和船用蒸汽涡轮机、要塞炮、印刷工艺和飞艇等。

四、大宫和小宫

巴黎在举办历届世博会的过程中,结合了城市的发展,尤其是塞纳河沿岸的发展。世博会成为巴黎城市建设的重要机遇,同时也确定了城市未来发展的空间结构,留下了许多标志性建筑。1878年巴黎举办纪念法兰西第三共和国成立3周年的万国博览会,开始结合了塞纳河地区的发展。1889年世博会又强化了塞纳河这一要素,塞纳河左岸

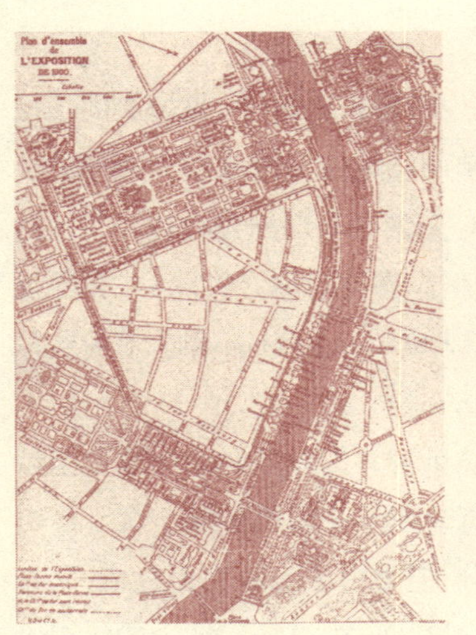

图2-24(上左)
1900年巴黎世博会总平面图

图2-25(上右)
1900年巴黎世博会全景

成为世博会的重要轴线。为连接东西两个会址，在塞纳河左岸开发出一块展览空间。这一届巴黎世博会留下了两件标志：机械馆和成为巴黎象征的埃菲尔铁塔。由于1889年巴黎世博会表现了工程技术方面的成就，因此，1900年世博会就将重点放在艺术创造上（见图2-24）。

1900年，正值世纪之交，德国和法国都想举办这届世博会。德国从未举办过世博会，因此，德国似乎有更多的机会。但是，在申办过程中，德国代表团意识到筹办的时间太紧，无法按照预定计划实现时，法国争取到了主办权。巴黎在45年间第5次举办世博会，主题是“回归19世纪，展望新世纪”（Le Bilan d'un Siècle）。博览会于1900年4月15日开幕，于当年11月12日闭幕，58个国家参展，参展企业达8 300家，其中60%是法国的企业，占地约120公顷，5 086万人参观了这届世博会，创造了那个时期的最高纪录（见图2-25）。同一年，巴黎承办了奥运会，历史上第一次同时将世博会和奥运会放在一座城市举行。这也是第一次在希腊本土以外举办的奥运会。

在筹办这届世博会时，通商及工业部长朱尔·罗什在1892年7月13日的通令中宣布筹组1900年世博会，同时指出，在19世纪的最后一年里，展出“一幅整个世纪人类思想进步的画卷”，表现作为文明先驱的意愿，弘扬法兰西精神，对法国来说是一种义务。

这届世博会开始出现功能分区，并开始设立集中的国家展馆区。世博会的场地进一步向塞纳河两岸延伸，从原来的塞纳河左岸单面场地发展成塞纳河两岸的场地，成为欧洲历届世博会中场地最大的一次博览会。塞纳河右岸原先为1855年世博会建造的工业馆(Palais de l'Industrie)已经不适宜用作展览场地。拆除后，在原址建造了主展馆——美术馆(Palais des Beaux Arts，即大宫Grand Palais)和艺术博览馆(Palais des Arts Rétrospectives，即小宫Petit Palais)。

为了与塞纳河左岸相联系，建造了亚历山大三世桥并拆除了1855年博览会留下来的位于香榭丽舍大道旁的工业馆和1878年博览会留下来的巴黎城市馆。尽管这两座建筑已经成为巴黎城市文化生活的组成部分，但是由于当时仓促建成，又与后续的使用功能不符，因而远不能满足需要，只得拆除。加之，这届世博会的组织者还担心新的标志性依赖于以往世博会的遗留成果，因此建议拆除原有建筑，代之以永久性的建筑。

大宫和小宫是这届世博会的主要展馆，大宫的功能是作为艺术馆使用，以提供美术展览的空间，举办标志着巴黎艺术成就的各式画展沙龙，而以前各届沙龙都设在原先的工业馆内。工业馆每年的马术比赛和花展也都移至大宫展览。1896年举行了设计竞赛，建筑的功能相当复杂，任务书十分详尽，加之竞赛的期限又很短促。设计任务书甚至规定了建筑的轮廓线，要求大宫有一定面积的外立面，参赛者除了服从计划外别无选择。任务书将整个建筑划分为三部分：正立面位于新辟大道的主楼、与主楼平行布置的西翼以及连接这两幢楼的中间部分。

竞赛的结果不理想，夏尔-路易·吉罗(Charles-Louis Girault，1851—1932)设计的小宫顺利中选。在普遍的赞同声中，竞赛的组织者宣布所有的参赛方案都无法实施。最终的妥协是将项目分给三位最后一轮入围的建筑师，亨利·德格拉纳(Henri Deglane)负责主楼的设计，阿尔贝·托马斯(Albert Thomas)设计西翼，路易·卢韦(Louis Louvet)则负责设计连接体，同时由吉罗负责总协调，以确保工程的整体性。

路易十六风格的大宫是一座庞大的铁和玻璃的大厅，设计成椭圆形的马术赛场，同时又可展出雕塑，周围一圈围廊用于画展，更多的大厅和展廊设在大宫西翼。主展厅大圆顶高达43米，从正立面的中央进入，室内空间十分开阔壮丽。建筑师为了创造壮丽的空间，在正对入口处建造了一座耳堂。卢韦设计了一座华丽的铸铁大台阶，连接耳堂和西翼，把古典主义和新艺术运动的建筑风格融为一体。建筑的平面的交叉点上覆以一个穹顶。主展厅具有节日庆典的气氛，尽管主展厅在当时被人们所批评，在今天却受到普遍的赞扬，但建筑臃肿而又浮华的立面则一直是人们批判的对象。

整个大宫四周为一圈长240米的爱奥尼亚式柱廊，立面上有丰富繁杂的饰带和雕塑作为装饰，而内部将铸铁结构显露出来。就总体而言，这届世博会与11年前的1889年博览会相比，铸铁结构往往隐藏在粉刷下面，在美学观念和结构技术上是一种倒退。人们批评建筑没有韵律，缺乏理性，品位低下，丧失了高尚的目标。认为这些建筑纯粹只是将中世纪、法国文艺复兴时期、路易十五时期的各种风格拼凑在一起的巨大蛋糕。

在1889年和1900年巴黎博览会上，法国建筑工程技术凸显出来的强劲发展，使法国成为发展钢筋混凝土这种新世纪材料的先行。弗朗索瓦·埃纳比克（Francois Hennebique，1842—1921）富于魄力的公司，首先在结构领域取得广泛成功。埃纳比克体系借助1880年代中期里尔和图尔宽地区的面粉厂和工厂项目而发展起来，1900年以后，被迅速接受并通过特许而广泛传播。在早期，裸露的钢筋混凝土用于风格形式并不重要的工厂建筑，但在需要美观的建筑物中，却披上建筑艺术的外衣。大宫的主楼梯厅，是这种技术用于显要建筑的早期实例（见图2–26）。

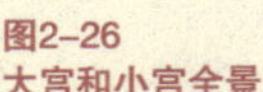

图2–26
大宫和小宫全景

小宫（1897—1900）由夏尔-路易·吉罗设计，场地是原来的1878年世博会巴黎城市馆。建造的初衷是展览巴黎市政府收藏的绘画，同时用作临时的展馆。它的穹顶是典型的新巴罗克风格，但更加拘谨的爱奥尼亚柱廊遵循巴黎美院的规则。它有一个不规则的四边形平面，展览室围绕着一个优雅的半圆形院子展开。沿温斯顿·丘吉尔大道的立面受利贝拉尔·布吕昂（Libéral Bruand，约1635—1697）和朱尔·阿杜安·芒萨尔（Jules Hardouin Mansart，约1646—1708）设计的巴黎荣军院的影响，设计了一座带穹顶的立面。在建筑的两个转角，由弗朗索瓦·埃内比克设计的螺旋形钢筋混凝土楼梯从悬挑的展廊旋转而下。现在，它们大胆的结构被后来的围栏所掩盖。小宫收藏了19世纪绘画和雕塑，同时也收藏了一批古希腊、古罗马和古埃及的艺术品。

在博览会期间，大宫曾经作为汽车展厅，大宫一直能够满足各种功能的需要。只是1937年世博会，将科学馆布置在大宫的西翼，就此有些衰落，1993年拱顶上掉下一片材料，主展厅不得不关闭。随后的检测报告证实，由于长期以来缺乏维护，建筑向塞纳河一侧有沉降。为此，曾经考虑将大宫拆除，现在经过维修，大宫仍在用作各种展览（见图2-27）。

这届世博会也有一些十分精彩的建筑，例如保兰（J.B. Paulin）设计的水堡，1889年和1900年两届博览会的策划者建筑师欧仁-阿尔弗雷德·埃纳尔设计的电气宫，两者都是混凝土建筑，埃纳尔还设计了幻觉宫。埃纳尔也是当时巴黎的总建筑师，他的主要贡献是对城市交通

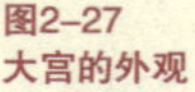
图2-27
大宫的外观

方式的研究，对巴黎的城市发展提出过许多关于解决交通问题的设想。他认为交通运输是城市机体的生机活动的具体表现，是这种活动的结果，而不是它的原因。他把城市中心比作人的心脏，与滋养它的动脉——承受运输巨流的街道有机地联系在一起。埃纳尔主张减少中心区过度的交通运输，认为这种过度的交通运输就像心脏里的血液过剩一样，它能使城市机体夭折。所以他得出了两个基本结论：首先，过境交通不能穿越市中心；其次，应当改善市中心区与城市周边和郊区公路的联系。埃纳尔提出了一个巴黎总体规划，改善巴黎中心区的交通，试图用几何图形化的边长各1公里的四边形"辐射核"纠正奥斯曼的错误。然而在奥斯曼主义的影响下，人们不能理解埃纳尔的思想，他的规划方案最终未能实现。1887年，他提出了"不间断列车"的设想，沿博览会会场的环形铁路在1889年的博览会上得到应用。他设想的自动人行道也应用在1900年的博览会上，由于场地很大，园区内建造了可以有两种速度的自动人行道(Trottoir Roulant)。

芬兰年轻建筑师埃利尔·沙里宁 (Eliel Saarinen，1873—1950) 设计的芬兰馆(Finnish Pavilion)使芬兰建筑开始在世博会上崭露头角。当年的芬兰仍然处于俄国沙皇统治下，这是芬兰继1889年参加世博会以来第二次参展，这届世博会也使芬兰在新世纪向世界显示独立的意愿。19世纪的世博会要求参展国的展馆表现民族风格，芬兰馆延续了这个建筑和艺术传统。1898年，耶塞柳斯、林德格伦和沙里宁事务所(Gesellius，Lindgren and Saarinen)在芬兰馆的设计竞赛中获胜，设计竞赛的规则要求通过芬兰馆的设计界定芬兰风格。赫尔曼·耶塞柳斯(Herman Gesellius，1874—1916)和阿马斯·埃利尔·林德格伦(Armas Eliel Lindgren，1874—1929)与沙里宁在1896年共同创立了联合事务所，他们的作品表现了折衷的工艺美术运动、中世纪复兴、乡土风格和新艺术运动风格，被誉为芬兰民族浪漫主义建筑师。巴黎世博会芬兰馆采用了北欧乡村教堂的外观，建造工艺相当精美。平面为单廊式，端部是半圆形的后堂。紧贴后堂的耳堂部位是一对对穿的入口和一座塔楼，建筑在芬兰以精湛的手工艺加工后运至巴黎拼装。芬兰馆的饰面是仿石粉刷，只有两座门道采用真实的石材。塔楼下方有一座华盖，展示比尔波勒陨石。耳堂顶部著名的卡列瓦拉题材的民间壁画的作者是芬兰民族浪漫主义艺术家和设计师阿克塞利·加伦-卡莱拉(Akseli Gallen-Kallela，1865—1931)。具有原创性，而又充满民族浪漫主义色彩的芬

图2-28(上图)
沙里宁设计的芬兰馆

图2-29(下图)
路易·博尼耶设计的施奈德馆

兰馆为学院派古典主义占统治地位的巴黎世博会带来了一股清新的气息(见图2-28)。

沙里宁1904年在赫尔辛基火车站的设计竞赛中获胜，这件作品对欧洲的一些火车站的设计产生了重要的影响。他于1907年建立了自己的事务所，并于1923年移居美国。

为筹办世博会，巴黎兴建了两座博览会大门，荣誉门(Porte d'Honneur)和纪念门(Porte Monumentale)，每小时可以保证6万人通过。此外，又对1889年巴黎世博会留下来的机械馆加以全面的改建，添加了许多装饰。埃菲尔铁塔的煤气灯换成5 000盏电灯，铁塔被涂上金黄色，塔下是各个主题馆(图2-29系路易·博尼耶设计的施奈德馆)。

1900年巴黎世博会给城市带来了更为彻底的变化，这一年巴黎第一条地铁线开通，有23座车站和两条支线。继1863年伦敦地铁、1871年柏林地铁、1872年纽约地铁和1894年维也纳地铁之后，巴黎成为世界上第五座建设地铁的城市。而世博园区的建设也为巴黎西区的城市空间带来更为直接的影响，从而奠定了巴黎西部第七区的城市格局。

同时，奥尔良铁路公司也修建了奥尔赛火车站(Gare d'Orsay)，以代替奥斯特利茨车站接待参观世博会的观众。奥尔赛火车站位于塞纳河左岸，与罗浮宫隔河相望。原址是奥尔塞宫所在地，在巴黎公社期间毁坏。1898年由维克多·拉卢 (Victor Laloux，1850—1937)设计，他的设计在方案竞赛中获选。拉卢是巴黎美术学院学究派古典主义建筑师，拉卢曾经在1888年出版过一本论述古希腊建筑的著作，他的作品表现出纯正的学院派古典主义，构图严谨，造型优雅，巴黎市政厅(1896—

1904)也是他的作品。

奥尔赛火车站的立面完全隐藏了车站的大体量和铸铁结构，古典式的平、立面与钢铁结构及其室内空间融会贯通。立面上是7跨圆拱，两侧有塔楼，塔楼上的钟提示了建筑的功能。女儿墙上有三座巨大的象征波尔多、图卢兹和南特的塑像，代表着奥尔良铁路公司服务的主要目的地，象征南特的塑像的脸部以拉卢的夫人作为模特。整个车站长137米，宽40米，大厅高29米，由于规模不适应20世纪30年代的火车，在1939年废弃。20世纪60年代曾经动议将其拆除，建一座旅馆。当时的建筑媒体称这座建筑是丑陋的裱花蛋糕，是虚假的建筑。所幸的是，新的替代建筑方案没有人赞成。70年代，在中央市场被拆除之后，公众的舆论完全改变了，奥尔赛火车站在1973年列为历史建筑，终于免遭拆毁的命运。德斯坦总统政府建议将车站改为19世纪艺术博物馆，1979年进行设计竞赛，任务书要求尊重拉卢的原设计，但是将原有30 000平方米的建筑增加到43 000平方米。最终选择了意大利女建筑师加埃·奥伦蒂(Gae Aulenti，1927—)负责改建设计，成为收藏法国19世纪艺术的奥尔赛博物馆，1986年由密特朗总统主持开幕（图2-30系奥尔赛博物馆内景）。

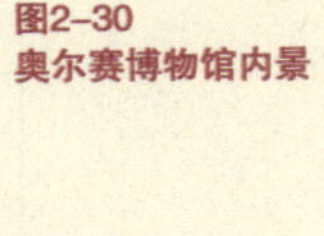
图2-30
奥尔赛博物馆内景

图2-31
亚历山大三世桥

为筹备这届世博会，在塞纳河上新建了三座桥：亚历山大三世桥、鲁埃勒桥和德比利步行桥。鲁埃勒桥长达370米，可以容纳火车通向战神广场，以方便观众参观世博会。通向大宫和小宫的亚历山大三世桥则纯粹是一件艺术品，构成纪念碑式的博览会大道。亚历山大三世桥由工程师路易·勒萨尔（Louis Resal）和建筑师卡西安–贝尔纳（Cassien-Bernard）以及库赞（Cousin）设计，入夜后，500盏灯将这座桥照得通亮（见图2-31）。

1900年巴黎世博会首次展示了全景宽银幕电影、法国吕米埃兄弟和美国爱迪生分别发明的配上同步录音电影、放大1 000倍的望远镜、波波夫发明的第一台无线电收发报机、奥迪斯电梯、X射线仪器等。也是在这届世博会上，新艺术运动得到极大的发扬。

由于这届世博会，巴黎在1900年举办了127个国际会议，68 000人与会。

五、装饰艺术派建筑与新精神馆

对20世纪世界建筑的发展起积极推动作用的世博会，莫过于1925

年巴黎世博会。这届世博会的主题是“装饰艺术与现代工业”(arts décoratifs et industriels modernes),博览会于1925年4月30日开幕,10月15日闭幕。博览会的场地占地23公顷,585万人参观了博览会。这届世博会原定在1914年举办,因第一次世界大战而延期,直到1921年才获得足够的资金来举办新的一届世博会。

1925年巴黎世博会的总建筑师是夏尔·普吕梅(Charles Plumet, 1861—1928),普吕梅从事建筑设计、室内设计和家具设计,作品风格以中世纪复兴和法国文艺复兴风格为主。他在设计方面试图创造实用艺术新风格,对装饰艺术风格的兴起做出了贡献。尽管这届世博会属于专题博览会,博览会的场地面积有限,而且装饰艺术派也早在世博会以前已经兴起,但是它推动了装饰艺术派风格的广泛发展,是20世纪影响最大的博览会之一,这是不争的事实(见图2-32)。

这一届世博会开创了建筑史上非常重要的装饰艺术派建筑,标志着现代主义开始流行,并影响了全世界,也包括对上海近代建筑的深远影响,使上海成为世界装饰艺术派建筑的中心之一,甚至1998年建

图2-32
1925年巴黎世博会全景

成的金茂大厦都受到这种建筑风格的影响。美国纽约的克莱斯勒大楼(1928—1930)就是典型的装饰艺术派建筑。装饰艺术风格又称装饰派艺术、现代风格,受新艺术运动风格、立体主义、俄罗斯芭蕾舞、美洲印第安文化、埃及文化和早期古典渊源的影响。1922年在埃及完好无损地发现了图特安哈门法老的陵墓,激起了一股埃及热,在装饰构图上呈金字塔和阶梯形,色彩浓烈,其典型母题有裸体女人、鹿、羚羊和瞪羚等动物、簇叶和太阳光等。这种风格可以追溯到1914年前俄罗斯芭蕾舞团的辉煌服饰和舞台装饰。这种绚丽的装饰性语汇,得到巴黎博览会的推进。装饰艺术派比起表现主义者那种直白的古典和"现代"变种作品,更容易为大众所接受,特别在法国,对纯粹的现代主义禁绝装饰是一种有效平衡。艺术装饰派厚重、多彩和陶艺式的形式,在两次世界大战之间流行于法国的商店和电影院等建筑中。但作为一种建筑风格,到1935年就几乎销声匿迹。

博览会上,装饰艺术的气息随处可见,展馆建筑内外都布满了新颖的浅浮雕和立体装饰。这届世博会出版了12卷本的《20世纪装饰艺术与现代工业艺术百科全书》,这部百科全书附有大量图例,将相对于新艺术运动的以几何图形为主的装饰母题加以广泛的传播。

1925年巴黎世博会载入史册的建筑是瑞士裔建筑师、画家和辩论家勒·柯布西耶设计的新精神馆(L'Esprit Nouveau Pavilion)。勒·柯布西耶是世博会最为活跃的建筑师之一,他设计的展馆分别在1925年、1937年和1958年的世博会上展出。勒·柯布西耶原名夏尔·爱德华·让纳雷(Charles Édouard Jeanneret),1920年开始以勒·柯布西耶作为笔名。他反对这届博览会的装饰性,是现代建筑的先锋人物。他最初的声望来自他与画家阿梅代·奥尚方(Amédée Ozenfant,1886—1966)在1920年创办的《新精神》(*L'Espirit Nouveau*)杂志。在1914年到1915年间,他发表了"多米诺住宅"(Domino house)的专利设计,这是一种符合战时条件和大规模住房生产要求的混凝土框架体系。在引起争议的一连串设计和著作中,他推广并扩大了他的"新建筑五点理论",其中最著名的是1923年发表的著作《迈向建筑》(*Vers une Architecture*)。他在书中主张"现代主义是一种几何精神,一种构筑精神与综合精神",他也被誉为"诗人革新家"。

新精神馆是勒·柯布西耶在他设计的独立式住宅原型的基础上,增加了圆柱形

图2-33
勒·柯布西耶设计的新精神馆

的展示空间(见图2-33)。这种原型是一种立方体形状的住宅,二层有作为内院的露天平台,客厅面向内院。这个母题在勒·柯布西耶以后设计的一些住宅中加以重复并拓展。

勒·柯布西耶自我评价他的作品时说:"新精神馆构成了一种显示出生命力的居住体系和基本单元的建筑模式,这种模式易于形成都市现实。"[①]勒·柯布西耶设计这座新精神馆的构思是否定一切装饰艺术,他想要表达的是新精神涉及一切领域,从国土、城市、街道到住宅,甚至覆盖日用品。这座建筑犹如一架机器,舒适、实用而又美观,满足功能需要。新精神馆提倡城市生活的新形式,将现代性作为统一室内外空间的秩序。室内展出了模数化的卫生间,德国家具工业化生产的先驱索涅特(Michael Thonet,1796—1871)生产的曲木椅子,金属管制作的家具等,墙上装饰着立体主义的绘画,建筑本身以及室内的家具、陈

① 转引自Marina Lathouri. The Intimate Metropolis, Frame and Fragnet, Visions for the Modern City. AA Files 51.60。

图2-34
新精神馆室内

设等都是展品(见图2-34)。

新精神馆表现了勒·柯布西耶的"新建筑五点理论":底层的独立支柱;屋顶花园;自由的平面;横向长窗;自由的立面。整个建筑由一个立方体和一个圆柱体构成,立方体是居住细胞(cellule d'habitation)的原型,而整个细胞也可以与其他细胞组合成更大的单元,甚至构成城市,这也是勒·柯布西耶的"房屋是居住的机器"概念的例证。立方体的室内由各种标准化的容器构成,这些容器既适合物体,也适合各种活动。除了展示家用物品外,每个容器,包括整个居住单元,都具有共同的计量尺寸和比例。根据勒·柯布西耶的类型学概念,经过精心安排,考虑最经济的大小尺寸,采用标准化的构件,一方面各部分自成系统,另一方面又相互配合,形成一个整体。居住单元是未来的理想现实,创造了一种个体、社会和城市的整体关系。

圆柱体展示的是未来的城市——一座拥有300万人的当代城市(Ville Contemporaine)的缩微模型,这个规划曾经在1922年就向公众展示过,同时展出了将当代城市的规划思想应用到巴黎的瓦赞规划(Plan

Voisin)。瓦赞规划的巴黎编织得像一幅东方的地毯,其占地面积大约是曼哈顿的四倍,城市中心由10~12层的住宅楼和24幢60层十字形平面的办公楼组成,展示的方式使人仿佛站立在一扇窗户后面观看真实的城市,将投影和模型结合。

勒·柯布西耶在设计新精神馆时,保留了一棵大树。在新精神馆室内,应用了大量的木材,建筑的各个部分保留了材料的原色。地板用的木料利用了施工期间工地的木栅栏。这座建筑在博览会后被废弃在巴黎的布洛涅公园内,以后才得以修复。

"瓦赞规划"是勒·柯布西耶在1922年为一座拥有300万人的城市所进行的当代城市规划基础上的发展(见图2-35)。规划将巴黎建成一座立体城市,表现了勒·柯布西耶对机器时代的理想,寻求与现代文化的和谐。勒·柯布西耶信奉技术至上,相信技术进步的力量。他建议提高城市的人口密度,在巴黎市中心建设高层建筑商务区,快速高架道路穿越城市中心。同时"将乡村搬进城市",使城市成为有阳光和空气的公园。勒·柯布西耶在奥斯曼和埃纳尔的双重影响下,形成了对待大城市改建问题的大胆设想,坚信用高度发达的技术武装起来的现代人能够用"外科手术"干预老城市的物质结构。瓦赞规划引起了相互矛盾

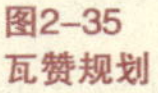

图2-35
瓦赞规划

的意见，也无法实现，因为一旦实施，就会毁灭巴黎这座城市。勒·柯布西耶本人把自己的规划看作一种实验，仅仅是为了展示自己的理念。

勒·柯布西耶在1925年著的《都市理论》(*Urbanisme*)一书中关于他的瓦赞规划写道：

> "历史作为全世界的遗产受到尊重甚至得到挽救。如果听任目前的危机继续发展，就可能迅速毁灭历史。
>
> "……在今天，历史对我们已经失去一部分魅力，在这充满矛盾的世界上，历史已被迫卷入现代生活的潮流。我梦想见到协和宫空空荡荡，阒无人迹，寂静无声；香榭丽舍大街就像一座安静的游廊。瓦赞规划对古老的城市，从圣雪伏到星形广场都不加触动，恢复古代的安宁。
>
> "……瓦赞规划中的建筑物只占用地面积的5%，保护了历史建筑，并将它们安置在一片和谐的绿荫丛中。然而，终有一天事物会消逝，这些在'蒙苏'的公园变成精心照料的墓园。人们在这里受教育，生活并憧憬未来：历史不再是一种对生活的威胁，历史已经找到了自己的归宿。"[①]

这届博览会上表现的国际式风格和艺术倾向以及勒·柯布西耶的新精神馆遭到了对现代主义有偏见的巴黎市民的反对，博览会不得不把法国抽象画家费尔南·莱热(Fernand Léger，1881—1955)和立体主义画家罗贝尔·德洛内(Robert Delaunay)的作品从博览会的"法国大使馆"中撤走，博览会组委会在新精神馆的周围竖起了6米高的围墙将其遮住，在美术部长干预后才将围墙拆掉。尽管这届博览会在表面上宣扬现代设计，但是像荷兰的风格派和德国的包豪斯的作品都不能在巴黎展出。人们赞颂的是那些用昂贵材料制作的奢侈作品，这让人们眷恋法国设计的黄金时代。

苏联在1917年10月革命后第一次参加世博会，苏联馆的设计任务书要求作品能够展示苏维埃建筑的新思想。苏联建筑师康斯坦丁·斯捷潘诺维奇·梅尔尼科夫(Konstantin Stepanovich Melnikov，1890—1974)在设计竞赛中获胜，建筑师试图让苏联馆起到表现国家意识形态的作用，梅尔尼科夫在设计过程中发现他所面临的是一项异常困难的任务，要把高度象征的内容用抽象的形式加以表现。苏联馆的

---

① 转引自 Manfredo Tafuri. *Teorie e Storia dell'Architettura*. Laterza. 1976. 64~65。

图2-36
梅尔尼科夫设计的苏联馆

基地呈狭长的长方形，面积不大。他所设计的苏联馆是苏联构成主义的代表作，这是一个用黑、红以及灰色木材建造的梦幻般的劈裂长方形，在展馆转角处设置一座对角线布置的楼梯，从两端向上进入，在中心相汇合。建筑的室内和室外空间的边界已经模糊，楼梯切割以后剩下的两个三角形体块，在锐角处切角，一头布置入口塔楼。两个主体的屋顶分别向不同的方向倾斜，而楼梯的上方则用相互交叉的木屋面（见图 2-36）。整个苏联馆采用装配式结构，在苏联本土加工制作，运至现场后由梅尔尼科夫本人负责拼装，工程师是格拉德柯夫（B.V.Gladkov）。

苏联馆展示了 20 世纪 20 年代苏联先锋派的作品，其中包括画家、印刷工艺家和设计师利西茨基（El Lissitsky，1890—1941），诗人马雅可夫斯基（Vladimir Vladimirovich Mayakovsky, 1893—1930），画家、雕塑家、设计师和摄影家罗琴科（Aleksandr Rodchenko,1891—1956）及画家、雕塑家和建筑师塔特林（Vladimir Yevgrapovich Tatlin,1885—

1953)的“第三国际纪念碑”的模型,把苏联建筑和艺术推向了世界舞台。这些先锋派艺术家是革命知识分子,充满了乌托邦思想,他们想要创造一个能够解放大众的新世界,消除人类的一切苦难并获得自由。他们在作品中宣传城市的主题,试图实现一种包含一切的艺术。

梅尔尼科夫是俄国构成主义的代表人物,他早期的作品受塔特林的影响,主张反艺术的构成主义技术。他对新苏联建筑类型发展的主要贡献,是他在莫斯科设计的一系列工人俱乐部。在所有建筑中,工人俱乐部和食堂组合成一个联合体,在这一时代,对发展一种意识形态的认知和集体化的家庭生活,起到了最重大的影响。他的作品影响了20世纪80年代盛行的解构主义建筑。

奥匈帝国设计师、建筑师约瑟夫·弗朗茨·马利亚·霍夫曼(Josef Franz Maria Hoffmann, 1870—1956)设计的奥地利馆(Austrian Pavilion)也是这届博览会的杰作之一。今天,人们把奥地利馆看作是后现代建筑的先驱。霍夫曼曾经师从奥地利分离派建筑师瓦格纳,曾经参与组建代表奥地利现代建筑运动的维也纳制造联盟。位于塞纳河边的奥地利馆面积达1 000平方米,平面呈自由构图,以低矮的建筑分散地布置在树丛中,一座钢筋混凝土的平台伸入塞纳河中(见图2-37)。奥地利

图2-37
霍夫曼设计的奥地利馆

馆的大部分建筑是木结构，展出包括奥斯卡·斯特尔纳德的自动管风琴，人们从远处就能够闻声寻迹。室内设计是奥地利建筑师约瑟夫·弗朗克（Josef Frank，1885—1967）的作品，他设计的维也纳咖啡馆，吸引着人们来眷顾。彼得·贝伦斯设计的玻璃暖房，里面展出维也纳制造联盟的作品。玻璃顶棚放射出光芒，给参观者一个小小的惊喜（见图 2–38）。

法国建筑师奥古斯特·佩雷（Auguste Perret，1874—1954）和格勒纳（A.Grenet）设计的博览会剧场（Théâtre de l'Exposition）是装饰艺术建筑的先驱，可惜的是建筑完工几个月后就遭到拆除的命运。

这届博览会的旅游馆由法国建筑师罗贝尔·马莱–斯蒂文（Robert Mallet-Stevens，1886—1945）设计，他的设计被人们看作是“时髦的现代派”，博览会中的“法国大使馆”也是他与音乐家和画家合作的建筑作品。他擅长使用金属框架和钢筋混凝土结构，旅游馆就采用了钢筋混凝土结构，是博览会上少数的现代建筑之一。马莱–斯蒂文还建造了一座钢筋混凝土树木的花园。

比利时建筑师维克多·霍塔（Victor Horta，1861—1947）是 19 世纪末盛行欧洲的新艺术运动的代表人物，他设计的钢筋混凝土结构的比利时馆表现了典型的装饰艺术派风格（见图 2–39）。

约瑟夫·柴可夫斯基（Jozef Czajkowski）设计的 1925 年巴黎世界博览会波兰馆，有着丰富的装饰，外立面都覆以玻璃，是与当时的国际装饰艺术派趋势建立联系的一个典型实例。他设计的现代风格的华沙住

图2–38(下左)
奥地利馆

图2–39(下右)
霍塔设计的比利时馆

宅（1932），明显来源于20世纪20年代中期以德绍包豪斯的瓦尔特·格罗皮乌斯(Walter Gropius 1883—1969)为代表的大师们设计的住宅。

六、面向生活的建筑与艺术

1937年巴黎世博会的主题是“现代生活的艺术与技术”(Les arts et techniques dans la vie moderne)，自这届世博会开始设立主办国的地方展馆。科学发现馆成为一部包罗万象的人类大百科全书;历史发明馆陈列着许多第一:世界上最老的蒸汽车、人类第一辆自行车、第一批电视机等;电影馆展示电影制作的全过程;印刷馆展示印刷的历史,从德国古腾堡的活字印刷到当时的高速印刷机;航空馆展示了最新式的飞机,当时的飞机已经相当完善;博览会上展出的火车车厢和机车已经呈流线型。博览会还设立了化工馆和无线电馆,代表了当时科学技术的发展水平。

这届博览会于1937年5月1日开幕，当年11月25日闭幕。世博会占地105公顷,44个国家参展,3 104万人参观,成为有史以来规模最大的一届世博会,这也是巴黎在20世纪举办的最后一届世博会。这届博览会的总建筑师是夏尔·勒特罗纳(Charles Letrosne)和雅克·克雷伯(Jacques Créber)。这届世博会的大部分展馆都沿塞纳河布置。

巴黎博览会试图将艺术与工业、技术加以融合,并在形式上予以统一。这一届博览会的建筑表现了新古典主义思潮的回潮,苏联馆带有明显的民族形式;德国馆则以古典复兴式象征国家的壮丽;连一向追求新艺术思想的法国也不例外,它的展览馆和现代艺术博物馆都在外观上带有巨大的柱廊。现代艺术博物馆的建筑师是东代尔、奥贝尔、维亚尔和达斯蒂格(Dondel, Aubert, Viard and Dastugue),建筑立面有巨大的柱廊,表现为简化的新古典主义风格(见图2-40)。

这届博览会的代表作品是勒·柯布西耶设计的现代馆（Les Temps Modernes)，芬兰建筑师阿尔瓦·阿尔托(Alvar Aalto,1898—1976)设计的芬兰馆(Finnish Pavilion)，以及西班牙建筑师何塞普·路易·塞特和路易斯·拉卡萨设计的西班牙共和国馆(Pabellón de la República Española)。苏联馆和德国馆也是这届世博会关注的焦

图2-40(上左)
东代尔等设计的现代艺术博物馆

图2-41(上右)
勒·柯布西耶设计的现代馆

点。除此之外,美国馆和捷克馆都展示了优雅的玻璃塔楼。

勒·柯布西耶设计的现代馆位于博览会场地的边缘,靠近马约门,这个展馆是作为民众教育的流动博物馆而建造的,要求便于拆装,博览会以后用于在法国各地巡回展览。平面尺寸为 31×35 米,设计运用了轻巧的临时性帐篷结构,以一些略为倾斜的梭状金属桅杆作为支撑,断面为三角形,用缆绳绷紧,承载这一帐篷结构。室内布局与结构分离,勒·柯布西耶利用了室内变化的空间高度,以坡道作为参观通道。由于预算紧张,不得不采用经典的展示方法,即图片、模型和衬景作为展示手段。展出的内容包括雅典的地图,勒·柯布西耶的巴黎规划等,展板由著名艺术家和建筑师制作,其中包括法国画家莱热、西班牙建筑师何塞·路易·塞特、设计师皮埃尔·夏洛(Pierre Chareau,1883—1950)和夏洛特·佩里亚特(Charlotte Perriand,1903—1999)等。室内色彩十分鲜艳,帐篷漆成黄色,墙体刷红色、绿色、蓝色和灰色,砾石地坪为浅黄色(见图 2-41)。

西班牙共和国馆的目的是告诉全世界西班牙正在发生的事情——内战的苦难和动乱。西班牙裔美国建筑师何塞·路易·塞特和路易·拉卡萨设计的西班牙馆是一座现代风格的装配式建筑，创下了极短的施工周期的纪录。塞特自己说这座小型的展馆是第一座政治意义上的建筑，场地的环境很好，有树木和庭院。西班牙馆是先锋艺术杰出的综合作品，是建筑师、画家和雕塑家合作的成果。展馆得到流亡巴黎的西班牙艺术家的帮助，他们中有巴勃罗·毕加索（Pablo Picasso，1881—1973）、霍安·米罗（Joan Miró，1893—1983）、雕塑家胡利奥·冈萨雷斯（Julio González，1876—1942）、阿尔布托·桑切斯（Alberto Sanchez）以及美国雕塑家、工程师亚历山大·考尔德（Alexander Calder，1898—1976）。毕加索为了了解他的画作展示的环境，曾经多次来到现场，询问有关展示空间、光线等方面的问题。他的绘画《格尔尼卡》在一层展出，作品表现了1937年德国法西斯轰炸西班牙巴斯克地区村庄格尔尼卡的恐怖场面，揭示了战争的残酷和破坏，作品获得了巨大的成功。毕加索认为，绘画不是装饰房间，它是抗击野蛮和黑暗的工具。出口的楼梯旁有米罗的题为《加泰罗尼亚的农民与革命》的嵌板画。冈萨雷斯展示了他的雕塑《蒙特塞拉岛》，西班牙馆的前面有桑切斯的象征性的图腾柱《西班牙人通往星球之路》（见图2-42）。

图2-42
塞特设计的西班牙馆

由于当时的西班牙正处于内战期间，西班牙馆在时间和材料方面受到许多限制，建筑一直不断地修改。考尔德设计的水星喷泉（Fountain of Mercury）立在《格尔尼卡》的正前方，原先的喷泉不是考尔德的作品，塞特被这个十分糟糕的喷泉吓坏了，赶紧说服人们请考尔德重新设计，最终获得了成功。建筑共三层，开敞的一层有一座庭院，电动控制的防水帆布屋顶可以开启，使庭院变成露天广场。庭院里有一个小型的舞台，供电影放映和音乐表演。

图2–43
西班牙馆内院

图2–44
阿尔托设计的芬兰馆

一层的活动展板展示图片，二层展示视觉艺术和大众艺术，立面上应用了大型的照片合成屏幕，可加以变换，显示战争变化中的各个事件。博览会后，西班牙馆被拆毁，为筹备1992年巴塞罗那奥运会而于该年在巴塞罗那重建（见图2–43）。

1900年巴黎世博会的芬兰馆是一座优秀的民族浪漫主义建筑，自此以后，芬兰馆在历届世博会上都有非凡的表现。1937年博览会的芬兰馆主题是“森林是进步”（Le bois est en marche），被誉为是“木材的诗篇”。建筑师是阿尔瓦·阿尔托和他的夫人爱诺·阿尔托（Aino Aalto），在1936年举行的芬兰馆设计竞赛中，阿尔托提交的两个方案均获胜。阿尔托是著名的第一代现代建筑大师，芬兰馆的成功使他在国际上声名远扬。芬兰馆位于一处树木茂密的坡地上，基地给设计带来了很多限制，芬兰馆的设计既合理地解决了空间功能关系，又有强烈的芬兰民族特色。平面由庭院组成，既利于采光，又创造了优雅的园林空间。一部分展品陈列在室内，一部分陈列在室外，使参观者感觉不到室内外高差的变化。建筑造型小巧精致，尺度宜人，自由典雅，掩映在树丛中，以绿化来柔化环境。建筑的柱子用藤条绑扎圆木，曲折的外墙用半圆形断面的企口木板拼接，细部十分精致，建筑本身也成为工艺品。展览厅围绕庭院布置，使展厅有良好的天然采光。所有的木构件都在芬兰加工制作，在巴黎由芬兰工匠组装（见图2–44）。以后，阿尔托又设计

图2–45(上图)
约凡设计的苏联馆

图2–46(下图)
穆希娜的雕塑《工人和集体农庄女庄员》

了1939年纽约世博会的芬兰馆。

阿尔瓦·阿尔托是现代建筑第一代著名大师之一，也是人性化建筑理论的创导者。他具有独到的见解和丰富的构思，他的作品反映了时代精神和民族特点。阿尔托一生设计了一百多座建筑，作品遍布世界各地，包括芬兰、德国、瑞士、瑞典、美国、意大利、法国、冰岛、爱沙尼亚、伊拉克、巴基斯坦等，他设计的芬兰赫尔辛基文化宫还成为芬兰币的图案。他的成就使他在1955年成为芬兰科学院院士，还曾担任芬兰科学院院长，并获得英国皇家建筑师学会金质奖章、美国建筑师学会金质奖章。

苏联馆(Russian Pavilion)和德国馆(German Pavilion)布置在塞纳河畔，分别位于夏乐宫中轴线的两边，呈对称布局，形成了德国馆与苏联馆对峙的构图(见图2–45)。苏联馆由建筑师波利斯·米哈伊洛维奇·约凡(Boris Mikhailovich Iofan)设计，馆的顶部树立着女雕塑家薇拉·穆希娜(Vera Mukhina，1889—1953)的巨型不锈钢雕塑《工人和集体农庄女庄员》，整个雕塑高24米。她将高举锤子与镰刀的工人与农民的形象放在建筑顶部作为构图的中心，整座展馆成为一个纪念碑。这座雕塑在博览会后放在莫斯科全苏农业展览会的主入口处。约凡的设计呈台阶形，似乎成为雕塑的基座(见图2–46)。约凡出生于乌克兰，在家乡奥德萨毕业后，曾经到罗马接受建筑师的训练，受意大利未来主义影响，苏联驻罗马大使馆和莫斯科河畔公寓大楼，都是他的作品。1931年，他参加莫斯科苏维埃宫的设计竞赛，任务书说明这座宫殿是“有卓越建筑形式的纪念碑”，并被委任为这座没有建成的超大建筑的建筑师。约凡设计的建筑高434米，顶部的列宁塑像高103米。1939年纽约世博会的苏联馆也是约凡的作品。实质上，当时的苏联正处于大清洗的高潮之中。

德国馆是希特勒的御用建筑师阿尔伯特·施佩尔（Albert Speer，1905—1981）设计的。施佩尔早年师从德国著名的传统建筑师格尔曼·贝斯特尔迈尔（German Bestelmeyer,1874—1942）和德国工艺美术运动建筑师海因利希·泰森诺（Heinrich Tessenow，1876—1950）。施佩尔在1933年为柏林滕伯尔霍夫机场的五月大会所设计的方案受到赞扬，从此以后将希特勒的极权主义式的建筑演化得淋漓尽致。他承担了一系列代表第三帝国风格的建筑，巴黎世博会德国馆往往被淹没在他的许多作品中。施佩尔在回忆录中坦承他在访问巴黎时进入了一间房间，里面见到了约凡设计的苏联馆模型。所以他将德国馆设计得非常结实，采用一种完全与苏联馆对抗的形式，试图压倒苏联馆，抵抗苏联馆向前进的动态形象。德国馆的正立面是一座设计严谨的高达152米的塔楼，巨石般的塔楼顶部竖立着第三帝国的鹰徽，整个塔楼仿佛是拔高的纪念碑基座，而鹰徽则似乎是做得太小的雕塑（见图2–47）。

苏联与德国在尺度夸张的建筑上也表现了意识形态上的对抗，两者都采用了新古典主义的纪念碑式造型，与当时盛行的现代建筑思潮格格不入。值得提及的是约凡和施佩尔，由他们设计的展馆都分别获得世博会颁给的金奖（见图2–48）。

图2–47(下左)
施佩尔设计的德国馆

图2–48(下右)
相互对峙的苏联馆和德国馆

图2–49(上左)
坂仓准三设计的日本馆

图2–50(上右)
塞纳河畔的美国馆和捷克斯洛伐克馆

日本馆的建筑师是坂仓准三(Junzo Sakakura,1901—1969),他从20年代后期起就在勒·柯布西埃的巴黎事务所工作，对现代建筑的内在本质有深刻的认识,并致力于将现代建筑的精神传至日本。日本馆体现了日本传统建筑对模数、比例和细部的关注,代表了第一座名副其实的非西方形式的建筑(见图 2–49)。

现代风格的美国馆位于塞纳河的左岸,色彩鲜艳,尺度宜人,中间有一座玻璃塔楼。建筑师是威纳(Wiener)、希金斯(Higgins)和利瓦伊(Levi)。美国馆东侧是捷克斯洛伐克馆,建筑师是克赖什克(Kresker)和博利弗卡(Bolivka),这是一幢现代的玻璃盒子,上部有一座无线电发射塔,给人的感觉有些冷漠(见图 2–50)。

由法国建筑师阿尔弗雷德·奥杜尔(Alfred Audoul)、勒内·阿特维格（René Hartwig）和雅克·热罗迪亚（Jack Gérodias）设计的航空馆(Aviation Pavilion)就像一座飞机库,星形飞机发动机像现代雕塑一样搁置在座墩上陈列在馆内。展馆中央悬挂着巨大的铝制机翼和蓬特克斯 63 型歼击机。航空馆的流线型立面上有大面积的玻璃,就像一面巨大的橱窗,人们可以透过玻璃看见里面悬挂的飞机,航空馆与博览会上大部分古典主义风格的建筑形成对照(见图 2–51)。

为筹办 1937 年世博会，在特罗卡特罗宫原址上建造了夏乐宫

图2-51
航空馆

(Palais de Chaillot)。当时的政府委托法国建筑师和营造商奥古斯特·佩雷(Auguste Perret,1874—1954)设计一座“博物馆城”,以取代过时的特罗卡特罗宫。由于政治危机和经济状况不佳,佩雷的方案在1934年被取消。新一届政府认为应当改造特罗卡特罗宫,重修立面,而不必要拆除,并准备将任务委托给建筑师卡吕-布瓦洛-阿泽马小组,这个决定激起了公众的抗议。包括画家毕加索(Picasso)、马蒂斯(Matisse)、夏加尔(Marc Chagall,1887—1985)和布拉克(Georges Braque,1882—1963),诗人和演员让·科克托(Jean Cocteau,1889—1963)等在内的法国艺术家群起签名反对,计划只好搁浅。

建筑师雅克·卡吕(Jacques Carlu,1890—1976)、路易-伊波利特·布瓦洛(Louis-Hippolyte Boileau,1878—1948)和莱昂·阿泽马(Léon Azéma,1888—1978)经过一番踌躇之后,决定不用垂直的建筑去与埃菲尔铁塔对峙,拆除特罗卡特罗宫的观众厅和两座塔楼,正对铁塔的部位留出空间,加长水平延展的两翼,其长度变成原来的两倍。立面用石材装饰成光滑的外观,表现了当时流行于意大利、俄罗斯和德国的极权主义建筑风格。改建之后的夏乐宫得到普遍的赞誉,甚至一些签名反对的艺术家们也改变了观点。

夏乐宫由东西两翼组成,两翼的各个馆群延伸成弧形。人类博物

图2-52
夏乐宫和广场

馆、海军博物馆、法兰西文献馆和电影博物馆都设在这里。夏乐宫的东翼布置法国建筑与历史遗产博物馆。夏乐宫的大平台上点缀着雕塑，是巴黎的一处壮丽的景点。建筑充分利用了地形的高差，分隔两个馆群的大平台下面有两个剧院，一座是国民剧院（今夏乐国家剧院），取代了原来的观众厅，剧院的入口门厅设在下沉式广场处；另一座是国家电影图书馆的电影厅。

所谓下沉式广场（见图 2-52），其实是一个通向塞纳河的坡地，辟为一个台阶式公园，由法国建筑师亨利·埃克斯佩（Henri Expert）设计的一系列水池、特罗卡特罗喷泉和小瀑布点缀着公园，其精华是一个景观水炮，定时喷向埃菲尔铁塔。特罗卡特罗水族馆位于距公园几步之遥的洞穴中。越过一座五拱的耶拿桥可以横跨塞纳河，通向耸立在塞纳河左岸的埃菲尔铁塔。

这届博览会的主题展馆是科学发现馆，它包含若干个小展馆，其中的历史发明馆中陈列着许许多多的“第一”，如世界上最老的蒸汽机、世界上第一批电视机、第一个展示血液流动和人体主要器官工作情况的玻璃人体模型、世界上第一辆自行车等；电影馆展示了电影制作加工的全过程；印刷馆里展示了印刷术发展的历史。展览期间，主办方力图让展示更贴近民众口味的努力，也使“大众趣味至高无上”的理念再一次在世博会上得到验证。

第3章

美国的世博会建筑

历史上，美国曾经是最积极举办世博会的国家，也是世界上举办世博会次数最多的国家。在19世纪，美国急于给全世界一种工业强国的形象，在伦敦大博览会举办两年后就举办了1853年纽约万国产业博览会。以后又接连举办1876年费城纪念美国建国100周年世博会、1893年芝加哥纪念哥伦布发现美洲大陆400周年世博会、1904年圣路易斯纪念美国从法国手中购得路易斯安那州100周年世博会、1915年旧金山纪念巴拿马运河开通世博会、1926年费城世博会、1933年芝加哥一个世纪的进步世博会、1939年旧金山和平与自由世博会、1939—1940年纽约创造明日的世界世博会、1962年西雅图太空时代的人类世博会、1964—1965年纽约通过理解走向和平世博会、1968年圣安东尼奥美洲大陆的文化交流世博会、1974年斯波坎无污染的进步世博会、1982年诺克斯维尔能源——世界的原动力世博会、1984年新奥尔良河流的世界：水乃生命之源世博会和1992年哥伦布城世界园艺博览会等，共计10届综合类世博会，6届专业类世博会。芝加哥曾经争取举办主题为“发现的时代”1992年世博会，最终没有成功。

美国的世博会在建筑发展史上既有1893年芝加哥世博会的倒退，也有1933年芝加哥世博会的进步。美国的世博会与美国的城市化发展有着直接的关系，美国的历届世博会大都选择在郊区，占地面积较大，加快了世博会地区的城市化进程。在筹备1893年芝加哥世博会的过程中，建筑师、工程师和艺术家的通力合作，就是为了创建一个理想城市的模式。另一方面，1939年和1964年的纽约世博会都揭示了美国理想中的未来城市，极大地影响了世界各国城市的发展。

在举办1853年纽约世博会时，美国已经大力发展工业。工业化给美国带来了许多变化，最终把这片以农村为主的国土转变成大都市云集的地方。1850 年，美国仅有 6 个城市超过 1 万人，而到 1900 年，有 38 个城市的人口超过 1 万人，每 5 个人中，就有 1 人在城市生活。而纽约在 1860 年的人口已经达到 100 万人，其中 42% 的人出生在外国。曼哈顿有 4 000 多家制造业工厂，是世界上工业化发展最快的地区。美国 1930 年人口普查时期，几乎一半人口居住在以 10 万以上人口城市为中心的 20~50 英里半径之内。仅仅是改变尺度和延伸的范围就能引起这些城市中心的质变。纽约从 1930 年的 1 000 万人口增长至 1965 年的 2 000~2 900 万人口之间，而美国的总人口是 12 300 万人，也就是说美国人口的四分之一居住在纽约。

1850 年，一位来自瑞典的游客把芝加哥描述为美国最肮脏、最悲惨的城市之一。美国国家资源委员会在 1937 年的报告中做了如下中肯的描述：

> 城市工人没有保障，缺乏储备资源，还有都市生活的冷漠和不安定，这些加在一起产生的保障的问题，在城市中要比乡村中更急迫更广泛……1935 年等着工作，靠救济生活的人口五分之一集中在最大的十个城市中，这些人主要是非熟练工人。

费城在 1790~1800 年曾经是美国的首都，举办 1876 年世博会时，美国刚从 1861—1865 年南北战争的创伤中恢复过来，又进入了经济衰退阶段，费城世博会表明美国已经成为世界上重要的工业强国。

20 世纪 20 年代中期，每天有 200 万人从周边市镇和地区涌入曼哈顿，这种交通的很大一部分发生在早晨和傍晚的一个半小时的时段内。

对美国建筑影响最大的两届世博会都在芝加哥举办，芝加哥 1893 年世博会采用了新古典主义的风格，这种风格引领了美国建筑，并一直盛行到 20 世纪中期，表现了美国建筑保守的一面。1893 年芝加哥世博会采用了集中式的总体布局，而 1933 年芝加哥世博会采用的是分散式的布局，表达了美国对于发展城市郊区以及发展小汽车的愿望。此外，1933 年芝加哥世博会为美国建筑带来了新的风格，从观念上和技术上推动了美国现代建筑的发展。

1939 年纽约世博会对未来汽车城市的推动，无疑对人类的历史和生活方式带来了极大的影响，一些优秀的现代主义建筑也出现在博览会上。同时，工业设计从此登上了历史舞台。

1968年圣安东尼奥的美洲大陆文化交流世博会，保留了20余幢历史建筑，建造了主题建筑——美国塔，象征多种文化的融合，同时也留下了圣安东尼奥河畔步行街。

1974年举办的斯波坎世博会正值能源危机时期，以“无污染的进步”作为主题，确立了关注人类生态环境，以斯波坎河和瀑布的自然景观作为世博会的标记，以“庆祝明日焕然一新的环境”为题，进行了一系列国际性的专题研讨会。博览会后，城市建造了新型污水处理厂，使河水变得清澈，引起了全世界对环境保护的关注。

一、纽约水晶宫

1853年7月14日至1854年11月1日，纽约举办了美国第一届万国产业博览会，也是全世界第二届世界博览会，总共115万人参观了这届博览会。因为纽约世博会的主展馆也称为水晶宫（见图3-1），而且只是伦敦水晶宫的复制，这届世博会也被称为纽约水晶宫世博会，设计师是阿尔及利亚出生的丹麦企业家乔治·约翰·伯恩哈德·卡斯滕森（George Johan Bernhard Carstensen，1812—1857）和德国建筑师卡

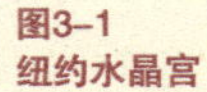
图3-1
纽约水晶宫

图3-2
纽约水晶宫内景

尔·吉尔德迈斯特(Karl Gildemeister, 1820—1869)。建筑面积仅为伦敦水晶宫的五分之一,纽约水晶宫在历史上第一次应用了电梯。纽约世博会的场地选在城市的中心,当时,这个地方还算是城市的郊区,位于第42大街的布赖恩特公园,就是今天的公共图书馆的位置。建筑平面采用希腊十字,十字的各个翼部之间有三角形的连接体。十字交叉处的穹顶直径达30米,高约37米(见图3-2)。伦敦水晶宫的设计师帕克斯顿也为纽约水晶宫提交了一个方案,但是被组织者以"虽然美得超群,但是不适合现场"为由,婉言谢绝。不幸的是在1857年10月,纽约水晶宫也遭遇了一场大火,当时正在举行美国学会的年展,建筑连同现场的展品在半个小时内就化为灰烬,所幸场内观众安全撤离。

为筹办这次博览会,建筑师詹姆斯·博加德斯(James Bogardus, 1800—1874)设计了一座巨大的展览馆。这座展览馆的形状像古罗马时期的圆形剧场,铸铁建造的圆形展馆,直径达365米,中间有一座高91米的塔楼。最有创意的是采用了悬索桥的原理设计的覆盖塔楼与圆形建筑周边之间的铁索网,这个创意曾经由德裔法国建筑师雅克·伊格纳司·伊道夫(Jacques Ignace Hittorff, 1792—1867)在1839年建造的

图3-3(上左)
纽约世博会主展馆方案

图3-4(上右)
纽约世博会主展馆

巴黎全景大圆厅上采用。但是，这个方案最终没有采纳，它的大跨度和创造性的结构未能实现(见图3-3)。

博加德斯是预制铁构件的开拓者，纽约是最早的铁预制品贸易中心。博加德斯在推动铸铁结构的发展过程中发挥了重要的作用，他在很多建筑中运用了这种手法，其中包括他在纽约所拥有的工厂(1849)、纽约莱英商场(1849)和哈珀兄弟印刷厂(1854，1920年被毁)。纽约世博会的主展馆(见图3-4)最终没有采纳博加德斯的方案。

二、五光十色的费城展馆

受1851年伦敦世博会影响，伦敦世博会举办两年后，1853年在纽约举办了美国首次世博会，由于没有协调好以及管理方面的问题，这届世博会没有办好。因此，1876年费城美国独立百年纪念博览会(Philadelphia Centennial Exposition)的使命是超越以往的世博会，展示美国作为世界工业强国的技术成就。而这个时期，美国正面临着1873年的经济危机。费城世博会之前，欧洲只把美国看作是一个刚起步的国家，这届世博会改变了世界对美国的印象，美国已经成为一个工业强国。

费城是一座现代化而又充满朝气的城市，它的港口是世界上最大的淡水港口之一，是特拉华河港口集群中最重要的港口，是当年世界上最繁忙的航运中心之一。费城世博会于 1876 年 5 月 10 日开幕，11 月 10 日闭幕，费城世博会的主题是"艺术、土产与矿产百年博览会"（Centennial Exhibition of Arts, Manufactures and Products of the Soil and Mine），博览会占地 115 公顷，位于城西的斯库尔基尔河畔，面积为 1867 年巴黎世博会场地的 3 倍，总共建造了 249 幢大大小小的建筑，超出了以往各届世博会。有 35 个国家参展，1 000 万人参观了博览会。这届世博会的会址就是现在的费尔蒙特公园（Fairmount Park），费尔蒙特公园曾经是世界上最大的城市保留地，现在是美国最大的市区公园（见图 3–5）。

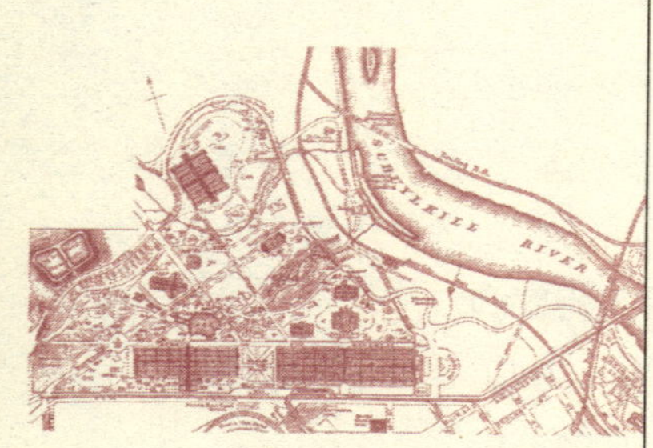

图3–5
1876年费城世博会总平面图

费城世博会的总建筑师是一位只有 27 岁，来自德国巴伐利亚的年轻的景观建筑师赫尔曼·约瑟夫·施瓦茨曼（Herman Joseph Schwarzman），施瓦茨曼规划了 5 个主题展馆，主展馆、艺术宫、机械馆、农业馆和园艺馆，计划博览会后将保留艺术宫和园艺馆，艺术宫将改为纪念宫。在规划中，施瓦茨曼将水作为世博会园区最重要的元素，设计了世博湖和弯弯曲曲的河流，各个展馆分散自由布置在园区中。一条铁路线与城市连接，将参观者送至园区，另外有一条高架铁路围绕园区，供参观者观光，成为以后一些世博会单轨观光游览系统的先驱。这届世博会总体上划分为 4 大区，场馆也按区和类进行编码。总平面图上，每一幢建筑都有色标，如蓝色为百年庆典建筑，红色为美国和各州建筑，白色为外国场馆，黄色为餐饮和娱乐设施，绿色为其他建筑。

曾经举办过一次关于"费城世博会主展馆"的设计竞赛，最终采用了施瓦茨曼提出的一个大型展馆的方案，然后选择了入围的一些方案作为设计导则，展馆的

图3-6(上左)
1876年美国独立百年纪念世博会主展馆方案

图3-7(右图)
美国独立百年纪念费城世博会主展馆

图3-8(下左)
费城世博会施瓦茨曼纪念宫

工程师是亨利·佩蒂特(Henry Pettit)和约瑟夫·威尔逊(Joseph Wilson)。主展馆用铸铁、玻璃、瓦和钢板建造,并逐渐用钢替代铸铁作为建筑材料。这座展馆十分庞大,是当时世界上最大的展览建筑,平面为长方形,尺寸为 576 米×171 米(见图 3-6)。建筑带有哥特复兴风格,平面由中堂和两侧的侧堂组成,中央部分和转角都设置了塔楼。由于造价太高,塔楼被认为没有必要,最终建造的主展馆在里面有很大改变,博览会举办四年后,主展馆终于被拆除(见图 3-7)。

施瓦茨曼还为费城世博会设计了博览会的永久建筑——纪念宫(Memorial Hall),这座单层的建筑在博览会期间作为艺术宫展出艺术作品,是巴黎美术学院学院派古典主义风格的典型建筑,它的正立面约长 101 米,侧面为 64 米。

纪念宫是费城世博会最令人赞美的一幢建筑,这座大厦对美国的建筑产生了重要的影响,芝加哥艺术学院、美国国会图书馆、纽约公共图书馆,甚至德国柏林的国会大厦都以纪念大厦为参照。纪念大厦展出了来自 20 多个国家的几千件油画、雕塑和摄影作品(见图 3-8)。费城在 20 世纪又举办了 1926 年世博会。

费城世博会的园艺馆在 1955 年被大火烧毁，园艺馆曾被誉为这

图3-9(上左)
费城世博会园艺馆

图3-10(上右)
费城世博会机械馆

届世博会装饰最为华丽的建筑,平面尺寸为116米×59米。在1906年时,馆内一共种植了1 800种植物(见图3-9)。

37个国家参加了费城世博会,991万人参观,博览会上最引人注目的是机械馆(见图3-10),机械馆内展出了重56吨的巨型“科利斯”蒸汽机,博览会还展出了贝尔公司的电话、爱迪生的留声机、爱迪生的复式电报、胜家缝纫机、自行车、打字机、克虏伯100吨重钢炮、手摇计算器等,56吨重1 400匹马力的巨型“科利斯”蒸汽机,高13米,通过总长23公里的电缆向所有的机械设备提供动力。博览会上还展出了正在建造中的自由女神的火炬。

三、芝加哥的“白城”世博会

1893年为纪念哥伦布发现美洲400周年,芝加哥举办了世界博览会,这届世博会也称为“世界哥伦布博览会”(World's Columbian Exposition)。博览会于1893年5月1日开幕,10月3日闭幕。芝加哥世博会是19世纪美国举办的规模最大,内容最丰富的世界博览会。芝加哥世博会也引发了当时美国最早的大规模城市规划。这届世博会有19个国家参展,2 750万人参观了博览会。此前,在美国已经举办过1853年纽约世博会和1876年费城世博会。在美国的主要城市之间,为争夺这届世博会的举办权,曾有过激烈的竞争。芝加哥之所以被选中,一方面因为它是铁路中心,另一方面,芝加哥是当时的美国的经济中心,是最主要的内陆港口和交通枢纽,芝加哥也是美国工业化时期工业和商业、贸易最发达的地区。

自 1851 年伦敦世博会以来，历届世博会在展示方式上，基本上是一种百科全书式的展示。1893 年芝加哥世博会的策展人，美国动物学家乔治·布朗·古德（George Brown Goode,1851—1896）把未来的世博会描述为"展示概念而不是实物"。芝加哥世博会出现了独立的娱乐休闲区。在消费主义的推动下，世博会展区将喧闹的娱乐项目集中布置在大道乐园上，以保持展览会其他展区的公园般的氛围。随着世博会的功能从单纯的工业产品会展演变为综合性的城市活动，娱乐休闲区的地位越来越受到重视，各种休闲设施也纷纷进入世博会展区，并与公园绿地一起形成了主题公园式的中心活动区（见图 3-11）。

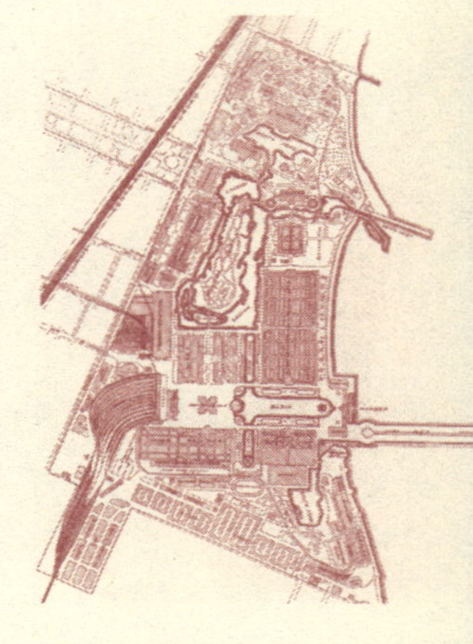

图3-11
1893年芝加哥世博会总平面图

芝加哥世博会的场地选择在 1871 年大火后仍未修复的杰克逊公园（Jackson Park）沿湖区域，占地 290 公顷，面临密歇根湖。1893 年 10 月 9 日，为庆祝哥伦布博览会的成功，城市将这一天命名为"芝加哥日"，纪念芝加哥 1871 年 10 月 8 日—10 月 10 日的大火。这一天有 75.1 万人买票入场，举行了盛大的游行。博览会期间，市政府为给参观者提供清洁的水源，从威斯康星州用管道把水输送过来。

为筹备这届博览会，芝加哥建造了一些文化机构的新建筑，例如芝加哥历史学会大楼、芝加哥科学院大楼、纽伯里图书馆等。

在建筑师约翰·韦尔伯恩·鲁特（John Wellborn Root, 1850—1891）的规划下，试图将美国中西部的都市发展与欧洲的传统相融合。鲁特故世后，他的继任者，建筑师丹尼尔·赫德森·伯纳姆（Daniel Hudson Burnham, 1846—1912）将建筑风格引向复古的法国学院派风格，总体布局对称，具有雄伟的气派。芝加哥世博会确立了美国城市美化运动（City Beautiful Movement）的基调。

在纽约召开的一次有东海岸建筑师参加的会议上，伯纳姆没有被邀请出席，决定所有的建筑都应当设计成统一的新古典主义风格，统一的规模和统一的檐部。所有的建筑都要经过粉饰，以便看起来像大

图3-12(上左)
1893年芝加哥世博会全景

图3-13(上右)
1893年芝加哥世博会的水彩画

理石一样。

其实所有的建筑都是临时建筑,用临时的材料建造,所有建筑的檐口都在同一标高,外面涂上白色,所以,这届世博会被称为“白城”。建筑采用白色的基调也是为了象征永恒(见图 3-12),美国人认为伟大的工业要以伟大的文化作为先导,因而选择了这种帝国风格的古典形象,宣告了学院派古典主义的胜利,同时也为代表芝加哥建筑先锋精神的芝加哥学派敲响了丧钟。这种风格对美国的城市规划和建筑,尤其是对华盛顿、旧金山和克利夫兰等城市产生了深远的影响,其影响一直延续到 20 世纪 50 年代。正如 1937 年 8 月出版的《今日法国建筑》杂志所描述的那样:“伟大的博览会始终表达了它们所处时代的形态,表达了某个鼎盛时期的风尚,与之共存的某些勇敢的领先尝试,以及对昔日风尚的依稀回忆。”尽管芝加哥世博会在建筑风格方面显然是一种倒退,但是,就世博会宏伟壮观的建筑总体设计而言,这是世博会影响城市规划和建筑发展的一个实例。1893 年芝加哥世博会奠定了芝加哥繁荣发展的基础,同时也展示了美国在经济、技术和文化方面的成就。因此,这届世博会被誉为“美国历史上的里程碑”(见图 3-13)。

伯纳姆是美国建筑界引领这一复古风格的关键人物。公共建筑越来越多地呈现出古典风格,中轴式建筑平面方案得到了广泛赞同,建筑物更多地采用了对称形式,这一切预示着殖民建筑的复兴。建筑中学院派作为意识形态的主宰一直贯穿于20世纪初的整个美洲。伯纳姆和鲁特曾经设计了芝加哥蒙托克大楼(1881—1882,已拆除),这是第一座在芝加哥复杂地质条件下采用新的满铺基础的办公大楼,虽然采用了同样的承重结构,但该大厦达到了10层的高度。伯纳姆和鲁特设计的16层芝加哥里莱斯大厦(1890—1894)被公认是芝加哥高层建筑的杰作。

伯纳姆选择了10家杰出的美国建筑师事务所承担世博会的主要建筑的设计,其中5家是芝加哥的建筑师事务所。聘请了美国景观建筑之父弗雷德里克·劳·奥姆斯特德 (Frederick Law Olmsted,1822—1903)负责整个园区的景观设计。奥姆斯特德在1857年获得纽约中央公园设计竞赛的首奖,并于1858年担任中央公园的总建筑师,奥姆斯特德在园区的中心荣耀广场(Court of Honor)设计了一座长达395米的大水池, 水池的一端是丹尼尔·切斯特·弗伦奇 (Daniel Chester French)雕塑的共和国纪念碑,另一端是理查德·莫里斯·亨特设计的行政管理大楼(见图3-14)。园区内还仿照威尼斯建造了人工泻湖,芝加哥世博会结束后,他又将园区改造为杰克逊公园。

这届博览会还建造了由麦克莫尼斯(MacMonnies)设计的当时世

图3–14
荣耀广场

图3-15(上图)
哥伦布喷泉

图3-16(下图)
阿特伍德设计的艺术宫

界上最大的喷泉（见图 3-15），位于荣耀广场的大水池中,正对着共和国纪念碑的雕像。

伯纳姆请来自纽约的理查德·莫里斯·亨特(Richard Morris Hunt,1827—1895)设计行政管理大楼,亨特是在巴黎美术学院学习的第一个美国人,被称作美国建筑的泰斗。亨特的建筑带有更多的学院派风格,而缺少创新,但他的作品为镀金时代的富有阶层所追捧,同时也使法国建筑教育方法成为时尚。他设计的博览会行政管理大楼的穹顶高达 84 米，比首都华盛顿的国会大厦穹顶高出 17 米多。来自波士顿的罗伯特·斯温·皮博迪(Robert Swain Peabody,1845—1917）及约翰·戈达德·斯滕斯(John Goddard Sterns,1843—1917)设计机械馆,纽约的麦金姆、米德和怀特事务所(McKim, Mead, & White)负责设计农业馆，来自堪萨斯城的亨利·凡·布伦特(Henry Van Brunt,1832—1903)和弗兰克·梅纳德·布伦特(Frank Maynard Brunt)设计电气馆,纽约的乔治·布朗·波斯特(George Browne Post,1837—1913）设计制造业和文教馆,波士顿的查尔斯·鲍勒·阿特伍德(Charles Bowler Atwood,1849—1895)设计艺术宫。这些建筑师受的基本上都是学院派古典主义的教育,亨特、麦金姆曾经在巴黎美术学院学习建筑,布伦特兄弟是亨特的学生。尽管像阿特伍德同时作为一名工程师参与了创立芝加哥高层建筑学派,但是,他们都屈从于当时的古典主义风尚。当年，美国 19 世纪末杰出的雕塑家奥古斯塔斯·圣-高登斯(Augustus St.Gaudens,1848—1907)甚至把阿特伍德设计的艺术宫吹捧为“自雅典帕台农神庙以来最好的建筑”(见图 3-16)。

为了避免被攻击为外省的小圈子,伯纳姆不得不将

图3-17(上左)
詹尼设计的园艺馆

图3-18(上右)
机械馆

主要展馆交给全国各地，主要是来自东海岸的建筑师进行设计。芝加哥的本地建筑师只承担了次要的任务，索伦·斯潘塞·比曼(Solon Spencer Beman，1853—1914)设计了矿藏与采矿馆，路易·亨利·沙利文(Louis Henri Sullivan, 1856—1924)设计了运输馆。

芝加哥建筑师威廉·勒巴伦·詹尼(William Le Baron Jenny，1832—1907)设计了园艺馆(Horticultyral Hall)(见图 3-17)。詹尼是杰出的芝加哥建筑师，19 世纪 70 年代兴起的芝加哥学派的创始人。园艺馆浮华的立面背后实际上是当时芝加哥市长偏爱的铁与钢的富于创意的应用。直径达 57 米的水晶宫式的穹顶下种植了棕榈树、树蕨和巨大的仙人掌。

波斯特设计的制造业和文教馆以及皮博迪及斯滕斯事务所设计的机械馆是这届博览会最大的展馆，占地 12.5 公顷，制造业和文教馆的平面尺寸为 518 米×238 米，当时是世界上最大的建筑，据称可以同时容纳 30 万人。机械馆的跨度达 112 米，只比 1889 年巴黎世博会的机械馆的跨度略微小一点。而它的高度是 19 米，超过了巴黎的机械馆(见图 3-18)。馆内展出了美国制造的世界最大的 12 米直径的耶基斯望远镜。

索菲亚·海登(Sophia Hayden)为博览会设计了妇女馆(见图 3-19)。

图3-19(上左)
海登设计的妇女馆

图3-20(上右)
沙利文设计的芝加哥世博会运输馆

图3-21(下图)
运输馆入口细部

许多妇女反对单独设馆，认为这是排斥妇女。妇女馆的立面长达122米，来自波士顿的海登，当年只有27岁。妇女馆内展示了节省家务劳动的设施，比如煤气灶等，室内装饰着美国印象派女画家马丽·卡萨特的绘画。馆内设有寄托儿童的游戏室，可以让参观博览会的妇女寄托她们的孩子。

谢普利、鲁坦和库利奇事务所（Shepley, Rutan & Coolidge）设计的芝加哥艺术学院（1892）也在1893年世界博览会后相当长的时期内引领了城市的建筑风格。

有两幢建筑在学院派的“白城”建筑中属于另类，建筑师亨利·艾夫斯·科布（Henry Ives Cobb，1859—1931）为美国商人和不动产主波特·帕尔默在湖滨大道建造了一座城堡，这是一组圆形的展馆，包括水族馆和展示钓鱼的展馆等。科布还设计了位于世博会场地附近的芝加哥大学。

这届世博会的运输馆（Tranfportation Building）（见图3-20）由美国著名的建筑师、芝加哥学派的代表路易·沙利文设计，是唯一一座非白色的建筑，他也抨击了“白城”风格的落后。他批评说，这种古典主义使美国建筑倒退50年。运输馆占地2.2公顷，此外还有四个庞大的火车站屋，陈列各种机车。入口拱门十分吸引人（见图3-21），建筑充满了丰饶的摩尔式装饰图案，入口两侧硕长的墙面涂上红色、橙色、黄色、绿色和蓝色，色彩异常丰富。主入口称为“金门”，闪着金色和银色。这座建筑在国外得到广泛的赞扬，巴黎的博物馆甚至将“金门”做成纪念品。

路易·沙利文是19世纪美国最杰出的建筑师之一，早年在麻省理工学院学习建筑，以后又去巴黎美术学院学习，是芝加哥学派的得力支柱和理论家，他提出的“形式追随功能”的思想极大地影响了现代建筑。他设计的芝加哥大会堂(1886—1889)，将带有旅馆的歌剧院和办公楼结合在一起，共有十层，承重墙下是满铺基础。剧院室内音响效果的重要性使沙利文的“有机”装饰风格得以发展。沙利文设计的施莱辛格-迈耶百货公司(今卡森-皮里-斯科特百货公司，1899—1904)相当富有特色，其装饰性的商店立面丰富了建筑的底层，而上部立面着重强调了水平连续。

这届博览会在历史上引入了大道乐园(Midway Plaisance)，乐园长1 600米，大道上展示了全世界各民族的多元文化，复制了爱尔兰村、爪哇村、德国村、土耳其村、维也纳面包房、日本市场等建筑，大道乐园还建造了“小埃及”(Little Egypt)，上面有开罗街。此届博览会开创了世博会娱乐园的先例，代表了流行文化的兴起。

图3-22
菲利斯大转轮

大道乐园的中心就是菲利斯大转轮(Ferris Wheel)，芝加哥世博会上第一次出现了乔治·华盛顿·菲利斯发明的菲利斯大转轮。当年来自内布拉斯加发明了大转轮的菲利斯只有33岁，以后每届世博会大体上都设置了菲利斯大转轮。芝加哥世博会的菲利斯巨轮高80米，相当于26层楼，由两座43米的钢塔支承，由一台1 000匹马力的蒸汽机拖动。转轮有36部缆车，每部缆车可以容纳60人，同时可乘2 160名游客。伯纳姆想用“大胆而又独特”的巨轮压倒巴黎埃菲尔铁塔的风采。芝加哥博览会后，菲利斯转轮移到1904年圣路易斯世博会(见图3-22)。

博览会上还展出了无线电、手动照相机、摩天轮和汉堡包、碳酸苏打水。博览会第一次完全采用人工照明，博览会上的照明、铁路系统、移动人行道、发光喷泉、电话和电报等，用一台15 000千瓦的发电机带

图3-23
芝加哥世博会场景

动。芝加哥的这届世博会标志着美国的学科领域已经从地理学转向技术，提出了技术与形式的关系问题。

芝加哥世博会的观众还饶有兴趣地参观了世博会场地附近新近重建的芝加哥大学校园，校园内有许多石材立面的建筑，芝加哥大学被称为“灰城”，以与“白城”对应（见图 3–23）。

这届世博会对建造城市地铁的推动，使芝加哥建成全球规模第四的大都市轨道交通系统。

芝加哥世博会为芝加哥留下了两项遗产，首先，博览会吸引了上百名富有才华的年轻人来到这座城市，尽管这一个时期出现了经济持续衰退，这些年轻人奠定了创造性的文化环境，使芝加哥的实验剧院上演具有先锋性的剧本，开设了许多小型的出版社，出现了许多新兴作家。这个创造性的群体聚集在专为艺术设计的地方，诸如工厂改建的低租金艺术家工作室、医院学校、剧院等。其次，世博会举办后，在世博园区与城市中心之间的地区建造的大量小旅店和公寓，由于造价低廉，在经济衰退的影响下，许多投资人破产，这些建筑逐渐变得破败不堪。1900年以后大量非洲移民，在这一带的旧建筑中定居下来，形成了芝加哥的“黑人地带”。

四、圣路易斯的庆典大厅和玉米宫

1904年4月30日，美国的圣路易斯世博会开幕，这届世博会是为了纪念1803年4月30日美国从法国手中购得路易斯安那州100周年（Louisiana Purchase），博览会于12月1日闭幕。当年，圣路易斯是美国第四大城市，也是通向美国西部的门户。世博会园区位于城市风景秀丽的森林公园中，距离市中心10公里，占地500公顷，面积大致相当于芝加哥世博会的两倍，大部分地块是比较荒凉的场地。60个国家参展，共有1 969万人参观了这届博览会。总共有1 500幢大小建筑，散布在公园内，其中8座主题展馆如生产馆、综合工业馆、教育和社会学馆、电气馆、机械馆、运输馆、矿物学和冶金馆以及文理学科馆，分列在主轴线两旁。圣路易斯世博会改变了原来的百科全书式的展示方式，开始走向专题表达，从工业的范畴转向文化的范畴，重视建筑的形象和文化表达甚于体量和技术。

来自纽约的美国建筑师卡斯·吉尔伯特（Cass Gilbert，1859—1934）设计的庆典大厅（Festival Hall）是主要的展馆之一，现今是圣路易斯的艺术博物馆。吉尔伯特曾经设计过明尼苏达州的议会大楼（1895—1903），他的成名作品是纽约的伍尔沃思大楼。明尼苏达州议会大楼完全仿照米开朗琪罗设计的罗马圣彼得大教堂的穹顶，所以，这次的庆典大厅也不例外，建筑风格的基调是艳俗的巴罗克式样，金碧辉煌的穹顶的尺度甚至超过了圣彼得大教堂，贴满了亮晶晶的金箔。大厅内有一个3 500座的礼堂，舞台上的管风琴是世界上最大的管风琴。这届博览会的开幕式和闭幕式都在富丽堂皇的庆典大厅举行，大厅坐落在艺术山上，入口处有一个大台阶，一直通向914米长的椭圆形环湖边。正门前有一个由这届世博会的总设计师马斯凯雷设计的瀑布雕塑（见图3-24）。

从芝加哥世博会那里照搬了漫长的柱廊，各个建筑的柱廊分别长487米、396米、365米和305米。由詹姆斯·诺克斯·泰勒（James Knox Taylor）设计的合众国政府馆就是这种风格的典型（见图3-25），图面正中是合众国政府馆，左侧是巴尼特、

图3-24(上左)
圣路易斯世博会庆典大厅

图3-25(上右)
合众国政府馆

图3-26(下图)
农业馆中的密苏里玉米宫

海恩斯和巴尼特联合事务所(Barnett, Haynes & Barnett)设计的文教馆。这种风格马上就成为美国建筑师的偏好，随即用在华盛顿特区的各联邦大厦上。

庆典大厅背后是博览会的娱乐区，其中包括面积达5.3公顷的耶路撒冷城市模型，复制了圣墓教堂、圣岩寺和西墙等供人们参观。同时，也展出了美国殖民地菲律宾的原始部落风俗村，这是世博会历史上最大的风俗村。

农业馆中，由五个出产玉米的中西部州联合搭建了一个密苏里玉米宫，高13.7米，全部是用玉米等农作物建造和装饰的，与世博会其他庄重的建筑形成强烈的对照(见图3-26)。

圣路易斯世博会上的许多外国馆都是一种复制，德国馆复制的是夏洛特堡，法国馆复制了凡尔赛的大特里阿依宫。与这种主流风格相对照的是奥地利馆，分离派建筑风格代表了一种进步(见图3-27)。

圣路易斯世博会也仿照1893年芝加哥世博会建造了一座主题公园派克乐园(the Pike)，乐园全长1 500米，菲利斯大转轮立在乐园的中心。这届世博会还有数不清

图3–27(上左)
奥地利馆室内

图3–28(上右)
创造之门

的小建筑，有人曾经试图数过，大约有 1 576 幢各式建筑。大量的小型展馆成为 20 世纪历届世博会的特征。与 1893 年芝加哥世博会的“白城”相对照，圣路易斯世博会被公认为“象牙城”，因为这届博览会的所有建筑都是象牙般的白色。派克乐园的入口是创造馆，这是一座巨大的雕塑，里面陈列了《圣经》的《创世记》传说，象征着人类走向文明(见图 3–28)。

建筑的命运有时是十分奇特的，可以延续很长时间，也可以是短命的，世博会建筑尤其短命，往往只有几年时间，甚至世博会建筑的生命周期就是从出生后不久就马上夭折。1904 年美国圣路易斯世博会的巴西馆却见证了国家和城市的兴衰。

圣路易斯世博会的巴西馆称为门罗宫，以当时的巴西总统的名字命名。虽然是在美国，用当地的材料和人工建造。它是由巴西的军事工程师弗朗西斯科·德·苏扎·阿吉亚设计建造的，建筑风格是折衷主义的。在世博会结束后，于 1906 年，将建筑的金属框架、立面和穹顶以及建筑的装饰运回巴西当年的首都里约热内卢重建，位置就在里约热内卢的中央大道上。门罗宫成为巴西的迎宾馆，举办过许多次大型国际会议，1925 年改为联邦国会。

门罗宫的建筑十分华丽，功能和设施齐全，成为一个建筑群，有歌剧院、法院、国家图书馆、国家美术馆等。1926 年又在这里建造了大型露天娱乐中心，建造了11个电影院、3个剧院、4家酒店以及大型百货公司、夜总会、咖啡馆等。门罗宫成为巴西的象征，建筑的形象出现在巴西钞票的背面，也曾经印在世界各地的邮票和贺卡上。1960年，巴西将首都迁到巴西利亚新城，在一片抗议声中，1976年开始拆毁门罗宫，建筑的构件流落到全世界，成为个人收藏、饭店和办公楼的装饰品。

五、旧金山的珠宝塔和艺术宫

1915年2月20日开幕的美国旧金山世博会的主题是“纪念巴拿马运河开通”，因此又称巴拿马太平洋万国博览会（Panama-Pacific International Exposition）。这届世博会于当年12月4日闭幕，博览会位于旧金山湾区，占地254公顷，32个国家参展，1 900万人参观了博览会。这届博览会的动机是宣告巴拿马运河的开通，这标志着太平洋沿岸将成为国际贸易的中心，会上展出了面积达2公顷的巴拿马运河模型，人们可以从一个移动平台上参观，博览会的成功举办提升了美国西部和加州的发展潜力（见图3-29）。

图3-29
旧金山世博会全景

在开始筹备博览会两年后，旧金山在1906年经受了一场大地

图3-30(上左)
宇宙广场

图3-31(上右)
四季广场

震，以后又遭遇经济的衰退和第一次世界大战，使参展国大为减少。世界大战的爆发又粉碎了“四海之内皆兄弟”的博览会理想，这届世博会的召开，在庆祝巴拿马运河通航的同时，也宣告旧金山已经从灾害中恢复。

这届博览会的布局吸取了圣路易斯世博会的经验，为避免展馆之间相距过大而让参观者受风雨日晒，将以往整齐的排列方式改为呈三组庭院式布置，建筑之间由拱廊连接。旧金山世博会的总建筑师乔治·凯尔汉姆(George Kelham)设计了三座庭院式广场，分别是宇宙广场(见图 3-30)、时代广场和四季广场(见图 3-31)，并将 8 个主展馆围绕一个椭圆形的宇宙广场(Court of the Universe)布置，这 8 个主展馆分别是：教育馆、农业馆、采矿馆、食品加工馆、艺术馆、交通馆、制造业馆和工业馆。宇宙广场由纽约的麦金姆、米德和怀特事务所设计，广场中央有一座日夜喷泉。

与 1893 年的芝加哥世博会和 1904 年的圣路易斯世博会相比，旧金山世博会色彩丰富。旧金山组展公司从纽约请来建筑师朱尔斯·格林(Jules Guerin)为世博会进行综合色彩设计。所有的建筑分别刷上淡淡的桃红色、海蓝色、黄褐色、琥珀色、铜绿色，格林也负责博览会的景

图3-32
黑斯廷斯设计的
珠宝塔

观设计。

这届博览会的标志是珠宝塔(Tower of Jewels),建筑师是托马斯·黑斯廷斯(Thomas Hastings,1860—1929)。塔高 132 米,塔上缀饰了 5 万片奥地利生产的水晶玻璃片,发出亮黄色、紫罗兰色、宝石红色的光泽,带有巴罗克风格,又显示了美国人试图建造通天塔的梦想。入夜时分,灯光下的珠宝塔熠熠生辉,宛若一件华丽的珠宝(见图 3-32)

旧金山世博会留存下来的主要建筑是美国建筑师伯纳德·梅贝克(Bernard Maybeck, 1862—1957)设计的具有新古典主义风格的艺术宫(Palace of Fine Arts)。梅贝克曾经于 1880 年到巴黎学习建筑,受法国新古典主义建筑师维奥莱-勒-杜克的影响颇深,1886 年回到纽约,1894 年在伯克利加利福尼亚大学任绘图教师,然后任该校的第一位建筑学教授,以后又曾在旧金山的马克·霍普金斯艺术学院任教。梅贝克的设计风格丰富多彩,从新古典主义、新哥特式,直至现代风格的住宅,都有作品问世。今天的建筑界对梅贝克的评价甚高,他是地域主义海湾地域风格的先锋,这种风格流派与有机建筑同源。旧金山世博会的美术宫是他的代表作,被誉为是一座具有童话般浪漫效果的古典主

图3-33(上左)
梅贝克设计的艺术宫

图3-34(上右)
古典主义风格的园艺馆

义建筑。

艺术宫是用木材建造的,外面用仿大理石粉饰,这座建筑其实没有什么功能,只是为了让与会的各国人士感觉壮观美丽而赞叹不已,并没有其他用途。但艺术宫却是这次万国博览会后,少数被保留下来的建筑物之一。时至今日,艺术宫成为旧金山人流连之处,水塘中的天鹅和水鸭与艺术宫的水中倒影相映成趣,探索科学博物馆与美术宫剧院(The Palace of Fine Arts Theatre)也位于此,现在已经成为假日休闲的好去处,建筑于 1965~1967 年,用永久性材料重建(见图 3-33)。

博览会上的美国馆多为古典主义风格,俄勒冈州馆干脆照搬雅典的帕台农神庙(见图 3-34)。

这届博览会的法国馆、希腊馆、意大利馆和挪威馆由于从欧洲远跋重洋,又正值第一次世界大战,在博览会开幕差不多四个月后才开馆。法国馆复制了巴黎的萨尔姆府邸(Hôtel de Salm,建于 1782—1788,又名荣誉军团宫),是一座带穹顶的古典主义风格建筑。

荷兰馆是博览会上最受欢迎的外国展馆,建筑师是威廉·克罗姆胡特,他的方案是在 1908 年为 1910 年布鲁塞尔世博会设计的荷兰馆基础上的优化,仍然带有早期基督教和拜占庭建筑的意象(见图 3-35)。

以后,旧金山又在 1939~1940 年举办了金门世界博览会,博览会

图3–35
克罗姆胡特设计的荷兰馆

于 1939 年 2 月 18 日开幕，到 1940 年 9 月 29 日闭幕，中间有半年闭馆，总共 1 700 万人参观了这届博览会。博览会的场地选择在湾区外的人工筑成的珍宝岛上，占地约 162 公顷。

六、引领建筑新风尚的芝加哥世博会

为纪念芝加哥建城 100 周年，1923 年决定举办 1933 至 1934 年芝加哥世界博览会，这届世博会的主题是“一个世纪的进步”(A Century of Progress)和“明日的世界”。这届芝加哥世博会的举办时间是 1933 年 5 月 27 日至 11 月 12 日，1934 年 5 月 25 日至 10 月 31 日。世博会占地 170 公顷，21 个国家参展，3 887 万人参观了博览会。

上一届芝加哥世博会主要是回应古希腊和罗马的荣耀，这一届世博会则是乐观地表达当代。1933 年美国芝加哥世博会的主题是“一个世纪的进步”。如果说可以将一个世纪的进步分门别类的话，就是立方体块的体量，明亮的色彩，人工照明，装饰艺术派风格。这届世博会深受 1925 年巴黎世博会的影响，许多装饰都可以从巴黎世博会找到原型，最典型的例子就是旅游与交通运输馆入口上方由伊里亚尔、特利布和博(Hiriart, Tribout & Beau)设计的太阳光芒四射的装饰母题，这个图案原先是巴黎老佛爷百货公司的装饰。

但是，这届世博会的口号是“科学发现，工业应用，人类享用”，仍然将参观的人群看成为是消极的和无知的，这一理念的局限性在以后历届世博会渐渐被人们所认识。1933 年美国芝加哥博览会的汽车馆，采用了直径为 60 米的圆形平面悬索结构，是当时世界上最大的悬索结构。芝加哥世博会上首次展示了一些新型实验性建筑，诸如无窗建筑、装配式建筑等。

这届世博会的建筑委员会的成员来自纽约、费城、旧金山和芝加哥，主席是来自纽约的建筑师哈维·威利·科比特（Harvey Wiley Corbett，1873—1954），他是纽约洛克菲勒中心的规划师，科比特曾经担任美国建筑师学会的主席，他对未来的城市有许多丰富的想象。早在 1913 年科比特就曾经提出“未来城市：解决交通问题的创意”，这是一座人车分流的立体城市的设想，机动车交通布置在地面层，地下一层和地下二层是地铁和火车，设置了两层空中步行道（见图 3-36）。他的

图3-36
科比特的未来城市设想

图3–37
1933年芝加哥世博会全景

未来城市的设想影响了意大利未来主义关于未来城市的设想。在20世纪20年代和30年代,科比特关于未来城市的设想仍然有很大影响,德裔美国建筑师希尔伯赛默(Ludwig Karl Hilberseimer,1885—1967)的"高层建筑城市"(Skyscraper City, 1924)以及"福利城市"(Wohlfahrtsstadt, 1927)都是科比特多层交通城市的发展。

科比特强调建筑的创新性,他在确定博览会建筑的设计原则时指出,临时性的博览会建筑在应用像石膏板、铝板这些材料建造时,主张"诚实地"应用材料:"必然不能模仿砖石结构,源自砖石建筑的装饰,也不能使用。"① 铝板的色彩和质感,以及产生彩虹般的色彩效果成为这届博览会最令人难忘的特色。建筑师们把芝加哥世博会打造为建筑盛会,使每座建筑都成为杰出的艺术作品(见图3–37)。

为这届博览会提供规划设计方案的还有纽约建筑师拉尔夫·托马斯·沃克(Ralph Thomas Walker,1889—1973),他以设计装饰艺术风格的高层建筑以及实验室建筑而闻名。建筑师雷蒙德·胡德(Raymond Hood,1881—1934)建议将世博园场地划分成不同的地块,每个建筑师负责一个地块,并与相邻地块的建筑师协调。他反对最初的规划,认为不规则的场地不应当采用对称布局,他的构思受到意大利城市阿马尔菲的启发。博览会与滨水地带结合得非常融洽,既注意交通的顺畅,又使景观与交通道路结合。建筑师的设计从纽约中央火车站得到启示,对于大流量的参观者来说,尽量不采用楼梯和造价昂贵的电梯,而采用坡道,废除了最初考虑的自动步行道。

① 转引自 The Art Institute of Chicago. *Chicago and New York: Architectural Interactions*. 1984.68。

图3-38(左图)
芝加哥世博会夜景

图3-39(右上)
空中火箭缆车

图3-40(右下)
海勒姆·沃克馆

奥地利出生的建筑师和室内设计师约瑟夫·乌尔班（Joseph Urban，1872—1933）负责博览会的灯光和色彩设计，他也设计了博览会上大放异彩的灯光喷泉和泛光照明（见图3-38）。在20世纪30年代经济不景气的压力下，明亮无比的灯光效果远远超越纯粹的美学目的，当时的《文艺文摘》说："沐浴在灯光非凡效果下的展馆宣告了芝加哥不可逾越的乐观主义精神。"①

起先，建筑委员会想建造一座巨大的塔楼作为世博会的地标，出于经济上的考虑，财政上无法实现，只好用空中缆车作为替代性的地标。称为"火箭车厢"的缆车在两座间距约609米、高约191米的铁塔间，载着参观者在约31米的高空驶行（见图3-39）。这届世博会中，位于北沔湖16街大桥上的海勒姆·沃克展馆和它的加拿大俱乐部咖啡馆造型别致，代表了新的美学观念正在美国形成（见图3-40）。

① 转引自 David Garrard Lowe. *Lost Chicago*. Watson-Guptill Publication. New York. 2000.173。

1933至1934年世博会关注美国在20世纪30年代出现的城市郊区的大规模发展，关注未来的城市规划。世博会上展出了一组共12种“明日住家”(Homes of Tomorrow)的样板住宅，提供了一系列范围广泛的，用新材料和新工艺，而又能为普通家庭所承担的新型住宅。“明日住家”正是为了满足日益增多的寻求有自己住宅的美国人的需要，这种住宅是预制装配式单元，应用诸如纤维板、人造石材、塑料、柏木、玻璃和钢，以及传统的砖、木材等。

其中最突出的是由乔治·弗雷德·凯克(George Fred Keck)设计的平面为多边形的“明日住家”，这是这届博览会最具创意，同时最有影响的设计，采用了新的施工技术和新颖的建筑材料，被誉为“美国第一幢玻璃房子”(见图3-41)。这是一幢三层钢框架的十二边形玻璃和钢结构建筑，与其他样板住宅不同的是，这种住宅并不是为一般市民设计的，是一种受包豪斯精神激励的现代建筑，这种风格引领了今后几十年的美国建筑。室内陈列了早年的电视机、自动洗碗机、空调机和各种家用电器等(见图3-42)，还带有汽车库和私人飞机库。室内设计十分简练，作为一个示范，当时美国典型的中产阶级多半住在城里，郊外住宅区已经开始形成，这种现代化的住宅预示了住宅电气化时代的来临。那时的家庭还没有家用空调装置和自动洗碗机，没有干衣机、电热毯、电冰箱，甚至大多数农庄的照明还是靠煤油灯。这届世博会推动了

图3-41(下左)
1933年芝加哥世博会的“明日住家”

图3-42(下右)
“明日住家”室内

美国大萧条以后的经济发展和社会生活的进步(这届世博会的海报见图 3-43)。

与此相对照的是霍华德·费希尔(Howard Fisher)设计的一座单层住宅,全钢结构预制装配式住宅,每幢仅售 4 000 美元。这种住宅由美国通用住房公司开发,这家公司鼓吹他们建造的住宅可以像福特汽车那样在装配线上生产。

博览会上展示了城市的新的交通方式。芝加哥地面交通线路包括了电车、无轨电车和飞艇等(见图 3-44),此外,旅游与交通运输馆也是博览会的主要展馆,这座建筑由建筑师休伯特·伯纳姆和丹尼尔·伯纳姆(Hubert and Daniel Burnham)设计,采用悬挂结构,是这届世博会最具有创意的建筑(见图 3-45)。建筑师的父亲就是1893 年芝加哥博览会的总建筑师丹尼尔·赫德森·伯纳姆。

1893 年芝加哥博览会的交通馆颂扬的是新的蒸汽机车,1933 年芝加哥世博会推出的是汽车,这预示了汽车时代的到来,出现了诸如通用汽车馆、克莱斯勒汽车馆、福特汽车馆、德索托汽车馆等,建筑物的造型也象征了汽车的形象(见图 3-46)。外表为白色金属和木材的克莱斯勒汽车馆的建筑师是霍拉伯德和鲁特建筑师事务所(Holabird & Root)。展馆的立面构图充满了动感,四根 31 米高的塔柱围合成一个

图3-43(上左)
1933年芝加哥世博会的海报

图3-44(上中)
芝加哥的城市交通工具

图3-45(上右)
伯纳姆设计的旅游与交通运输馆

图3-46(下图)
德索托汽车馆

图3–47
克莱斯勒汽车馆

露天广场。十分雅致的两层楼展馆围绕广场布置,展现出圆弧形玻璃展廊和展览平台。夜晚,展馆浸润在银色和金色的灯光之中,湖中的倒影充满了浪漫气息,让人们意识到现代建筑的美,灯光设计师也是乌尔班(见图 3–47)。克莱斯勒汽车馆被《建筑论坛》杂志誉为这届博览会最佳建筑。权威建筑评论家罗亚尔·科蒂索斯(Royal Cortissoz)在纽约先驱论坛报上赞扬克莱斯勒汽车馆“给你某种由建筑的真实感唤起的激情”。[①]遗憾的是,这座展馆同其他展馆一样,也没有逃脱博览会后拆除的命运。

由雷蒙德·胡德设计的电气馆是无窗建筑的原型,雷蒙德在当时还设计了纽约的洛克菲勒中心。

芝加哥博览会为美国人带来了他们不曾见过的新的建筑形式,崭新的光影和色彩效果以及新的材料使美国人普遍接受新技术和现代预制装配技术。从此,美国现代建筑的发展走上了全新的道路。美国建筑师埃利·雅克·康(Ely Jacques Kahn,1884—1972)在 1933 年的《建筑论坛》7 月号上高度评价这届博览会的建筑:“(建筑师们)毫无疑义地

① 转引自 David Garrard Lowe. *Lost Chicago*. Watson–Guptill Publication. New York. 2000.173。

一致研究建筑的体量,避免通常情况下的杂七杂八的雕塑堆集。实际上,博览会没有装饰,建筑的表皮都化解为各种平面,以使光产生各种有趣的形式。”他认为:“色彩的语言是对新建筑的卓越贡献。”①

博览会的主办者还建造了一条巴黎街,这也是一个游乐园。这届世博会陈列了当时最先进的工业和技术成就,诸如无线电、手动照相机、摩天轮和汉堡包、碳酸苏打水、新式汽车组装线、轮船制造流程、空气调节装置、原油精炼技术、齐柏林飞艇、仿真动力恐龙、机器人表演等。高达 80 米的菲利斯大转轮由 36 部缆车组成,每部缆车可以容纳40 人,同时可乘 1 440 名游客。博览会的汽车馆,采用了直径为 60 米的圆形平面悬索结构,是当时世界上最大的悬索结构。芝加哥世博会上首次展示了一些新型实验性建筑,诸如无窗建筑、装配式建筑等。这届世博会也是科普教育的大课堂,展示科学技术在工业、军事上的应用,展品还有新型汽车组装线、造船流程、空气调节装置、齐柏林飞艇、仿真动力恐龙、机器人表演等。

博览会上,美国工程师、建筑师、发明家、哲学家、诗人巴克明斯特·富勒(Buckminster Fuller,1895—1983)设计了一种三个轮子的特种汽车,称为“戴马克西翁”(Dymaxion),引擎在车身后面,能越野,能原地旋转 180°,周围均有保险杠。富勒希望他的发明会给汽车设计带来革命性的变化。此前,富勒在 1927 年就曾经设计过来自飞机和汽车技术的“戴马克西翁”住房。富勒设计了 1967 年蒙特利尔世博会的美国馆,被誉为 20 世纪下半叶最有创见的思想家之一。

七、汽车城市和纽约世博建筑

1935 年,正处于大萧条时期的纽约,一群企业家和政府官员决定举办 1939 年世博会,以推动经济的复苏,这届博览会也是为了纪念华盛顿就任美国总统 150 周年。主题是“创造明日的世界”(Building the World of Tomorrow)以及“和平与自由”(For Peace and Freedom),举办时间是 1939 年的 4 月 30 日至 10 月 31 日,次年的 5 月 11 日至 10 月 27 日,共展出 351 天。33 个国家和 24 个州参展,有 100 多个展馆,

① 转引自 The Art Institute of Chicago. *Chicago and New York: Architectural Interactions*.1984. 70。

图3-48
纽约1939年世博会总体示意图

占地500公顷，4 496万人参观了博览会。这届世博会十分成功，对于战后美国的发展产生了十分重要的影响。这届世博会的组委会主席是格罗弗·惠伦(Grover Whalen)，设计委员会主席是斯蒂芬·沃里斯(Stephen F.Voorhees)。

作为名义上的私营企业，纽约博览会公司没有直接从政府得到财政补贴，但纽约市、纽约州和联邦政府支付了建造展馆、道路和桥梁、立交桥、市政设施、绿化种植等的费用，没有这些资金，博览会也不可能举办。博览会设在昆斯区北面的克罗纳垃圾场，将垃圾场改造为世博会的园区是一项重大的挑战，并获得巨大的成功。1964年纽约世博会也在这块场地上举行，今天称作弗拉辛草地-克罗纳公园。整个园区划分为7个展区，包括娱乐、交通、交流、行政、生产和流通、食物等，每个分区都有一个主展馆，呈放射形的宽阔的大道将各个分区隔开。中央步行大道名为宪法广场，两端分别是艾马·恩伯里（Aymar Embury II）设计的纽约市馆和霍华德·切尼(Howard L. Cheney)设计的美国馆，中间是世博会的标志(见图3-48)。为了方便参观，每个展区都用不同的颜色标示，大道的色彩从中心区向外围逐渐加深。

在设计委员会的指导和协调下，这届博览会反映了国民的特点：建筑呈现出保守的现代主义，庞大而又光秃秃的实墙面，窗户占据了宝贵的展示空间，而空调则使得没有必要开窗。这届博览会的大多数展馆都没有窗户，以充分利用墙面和灯光效果，这种形式被以后的展览会纷纷仿效。粉饰的墙面为现代风格的绘画和浮雕提供了足够的位置，亚历山大·考尔德的活动雕塑和日裔美国雕塑家和设计师野口勇(Isamu Noguchi，1904—1988）的有机抽象雕塑为博览会提供了雕塑作品。

这届世博会的标志是美国建筑师华莱士·哈里森（Wallace Harrison，1895—1981）和法国建筑师雅克-安德烈·富尤（Jacques-André Fouilhoux，1879—1945）设计的 213 米高的三角锥形世博塔（Trylon）和直径为 60 米的世博球（Perisphere）（见图3-49）。世博塔和世博球也是博览会的主题馆，精确的几何形体的主题馆以一条称为“螺旋”长 274 米的坡道连接，从坡道上可以观赏园区的全景。哈里森组建了美国最成功的建筑师事务所之一，他参与了洛克菲勒中心的设计，纽约的联合国总部（1953）、林肯中心（1959—1966）是他的作品。富尤于 1904 年左右来到美国，曾经是雷蒙德·胡德的合伙人，并参与洛克菲勒中心的设计，胡德在 1934 年故世后，富尤成为哈里森的合伙人。

直径 60 米的世博球的形象代表了人类对理性的追索，隐喻未来世界。从牛顿的时代开始，全球化的思想逐渐盛行，牛顿成为新时代的象征。法国建筑师艾蒂安-路易·部雷（Etienne-Louis Boullée）构想的牛顿纪念堂（Cenotaph for Newton, 1784）采用了球体的造型（见图 3-50）。1939 年纽约世博会的世博球继承了牛顿纪念堂的造型，具有深邃的内涵。这个造型在 1964 年纽约世博会的标志地球塔（Unisphere）和 1967 年蒙特利尔世博会美国馆的形式上反复出现。而另一个标志世博塔则

图3-49(下左)
世博塔和世博球

图3-50(下右)
部雷的牛顿纪念堂

图3–51
1939年纽约世博会的“民主城市”

隐喻摩天大楼。参观者在世博球中可以参观由亨利·德赖弗斯(Henry Dereyfuss)设计的,名为“民主城市”(Democracity)的展览,“民主城市”是一个由先进的交通网络连接起来的特大都市组成的世界,有些类似格迪斯设计的“未来都市全景”(见图 3–51)。

1939 年纽约世博会强调先进的科学和工业技术是创造明日城市的核心,宣扬通过技术实现美好的未来。惠伦在策划中希望让每个人都可以看到想看的东西,上自名家艺术,下至裸体舞。会上展出了名叫埃莱克特罗的机器人,会说话,会抽烟。博览会在 1940 年 10 月 27 日闭幕,《纽约时报》的记者给博览会起了个名字“疯人园地”。记者西德尼·谢莱特在《哈泼斯》杂志上是这样评论的:“这个博览会十分不统一,不协调。有好东西,又有坏东西;愚蠢粗俗到了极点,聪明高雅也到了顶峰。”[①]

与 1933 年芝加哥博览会相比,纽约博览会显得保守,采用了对称式的布局。尽管也有不少创意,诸如“明日的城市”(Town of Tomorrow)、色彩鲜明的一些展馆和绚丽的灯光照明,纽约博览会更为正式,更注重形式,更加庄重,甚至规定所有的色彩必须使用原色和白色。建筑师和设计师都比较保守,就整体而言,回归到基础,总平面反映了古典主义传统,主题馆采用了几何元素。对传统形式的顺从和追求视觉效果的永恒由于博览会期间爆发的第二次世界大战而显得有些滑稽。即使在大战爆发之前,总平面的布局和现代展馆的设计都与现代生活方式格格不入。

① 威廉·曼彻斯特:《光荣与梦想:1932~1972 年美国社会实录》,广州外国语学院美英问题研究室翻译组、朱协译,海口,海南出版社,三环出版社,2006 年,第 157 页。

博览会展示的使用电气设备、轻质金属材料和新的合成纤维材料的现代住房、汽车等都吸引了人们的关注，博览会上展出的世界各国古代村庄的复制品，大师们的画作展览等，给人们一种错觉，似乎国内的变化和海外的混乱局势会隔绝在遥远的地方。

美国的汽车工业在把私人汽车纳入美国梦的过程中，起到了推波助澜的重要作用，他们宣称，“汽车就是美国人的新家”。这届博览会最成功的是通用汽车公司的展馆，每天有 2.8 万人来买票参观，总共有2 500 万人参观了这个展馆（见图 3–52）。通用汽车馆由德国出生的美国著名建筑师艾伯特·康（Albert Kahn，1869—1942）设计，康也设计了这届博览会的福特汽车馆。通用汽车馆所展示的“未来都市全景”的概念是一个无限的纵横交错的超级高速公路网和广阔的城市郊区，设想为 1960 年的城市中心是高层建筑组成的中央商务区，高架道路将城市的各个部分连接在一起，提倡电气时代和汽车时代的城市未来。解说员告诉观众：“一个国家的高速公路决定其文明的发展速度。”（见图 3–53）。展馆内展出了由美国舞台设计师、工业设计师诺尔曼·贝尔·格迪斯（Norman Bel Geddes，1893—1958）设计的“未来都市全景”（Futurama）模型。

图3–52(左图)
艾伯特·康设计的通用汽车馆

图3–53(右图)
纽约世博会的“汽车城市”

图3-54(上左)
观众踊跃参观未来城市展览

图3-55(上右)
1939年纽约世博会的“未来都市全景”

“未来都市全景”生动展现了通用汽车对未来人类社会发展的前瞻，近50万间专门设计的房屋模型，超过18个种类的10万株绿树模型，以及5万辆比例缩小的汽车，组成了“未来都市全景”。展馆内有600个座位，让观众在移动中观赏想象中的1960年的城市。参观者进入展厅后，坐在装有嵌入式个人声音系统的可移动的扶手椅上，下面有输送带承托着，缓缓向前移动15分钟。沿途一面看格迪斯所设想的1960年的美国风光，一面听录音解说（见图3-54）。能够看到并切身体验未来30年之后的美国城市，汽车以每小时160公里的速度奔驰在7车道的城市干道上，模型上有实验性的住宅、农庄、工厂、水坝、桥梁和一座大都市，宣告着汽车是美国人的新家。参观者在结束参观后，每个人可以得到一枚徽章，上面写着：“我看见了未来”（见图3-55）。

格迪斯预言，到了1960年，美国人会个个身材高大，皮肤黝黑，精力充沛，玩耍的时间超过干活的时间。那时的美国人对衣服家具之类的东西已经不感兴趣，所以博览会里没有太多展出这类用品。他预言，未来的美国乡村中，公路宽阔，纵横交错。汽车都安装空调，售价只有200美元。全国各地绿树成荫，每个村庄都有一个机场，平常就放在地下机库。农村的生活最舒服，粮食都由各家各户自己生产。他认为，到那时，发明家和工程师还要用一点原子能，而主要的能源是液态空气。望远镜的功率大到人们用来看月亮时比现在要清晰300倍。癌症不再是不治之症，人类的平均寿命可以延长到75岁。城市里到处都是办公大楼和高层公寓，每幢高达800多米，四周有高速公路，能容纳14辆车平行驾驶。

格迪斯从事过许多工作，曾经为多部纽约大都会歌舞剧设计了舞台布景，他也是“流线型”设计的倡导者，曾经为壳牌石油公司做过城市规划，他把设计转变成一项公共事务。格迪斯认识到质量与实用价值之间的联系，以及设计在强化价值观过程中的潜力。格迪斯在1940年出版了《神奇的高速公路》(Magic Motorways)，他设计的作品以建立在空气动力学基础上的流线型著称，通用汽车馆的展示也是由他设计的。一位美国评论家约翰·布鲁克斯指出了格迪斯设想的致命弱点，这就是格迪斯看不到30年后在美国引起许多麻烦的城市问题。格迪斯的城市划分为住宅区、商业区和工业区，为了让汽车更快地进入城市中心，城市中间有一条高速公路穿过，却没有设置停车场。布鲁克斯说道：“格迪斯梦想的天堂已经大致成为事实，但是糟就糟在理想实现之后，倒有点像是地狱了。”①

图3–56
科克设计的胶合木住宅

博览会显示了一种“流线型”运动，工业设计家出现在设计舞台上，德赖弗斯、格迪斯、雷蒙德·洛伊(Raymond Loewy，1893—1986)、沃尔特·多温·蒂格(Walter Dorwin Teague，1883—1960)等卓越的设计师设计了从电动剃须刀到邮轮等范围广泛的工业产品造型，表现了现代生活的快速节奏，他们引领了两次世界大战之间的美国工业设计潮流。

“明日的城市”推出了美国建筑师劳伦斯·科克(A.Lawrence Kocher)设计的胶合木住宅，日后成为美国各地住宅的原型(见图3–56)。

① 威廉·曼彻斯特：《光荣与梦想：1932~1972年美国社会实录》，广州外国语学院美英问题研究室翻译组、朱协译，海口，海南出版社，三环出版社，2006年，第157页。

芬兰馆(Finnish Pavilion)也是阿尔托在设计竞赛中获得一等奖的方案，成为这届博览会上最大胆的一座建筑。1937 年举行纽约博览会芬兰馆的设计竞赛时，阿尔托提交了两个方案，而他的妻子爱诺·阿尔托在他不知道的情况下，又悄悄提交了第三个方案，结果三个方案都得了一等奖，获得了设计的委托。阿尔托坚持最后的设计方案不得受有关方面的干涉，这一要求被接受了。由于展馆场地的变更，芬兰建不起自己的展馆，而只能用主办国提供的小尺度单元，芬兰馆不得不与其他一些国家共同利用一幢建筑。其结果就是这个工程基本上没法做什么结构创新或者立面设计，实际上只是一个"装修"，但是这个特殊情况却给了阿尔托以灵感。

芬兰馆极具芬兰特色，表现了现代性和地域性的结合，以其新型的塑性空间表现出一种综合的美。由于展馆呈狭长形，阿尔托把展厅建得很高挑，高度达 16 米，只单边布置展品。为了增加展示面积，产生视觉效果，建筑师把整个墙面分成四层。最上层展出的是芬兰的概况，依次向下的展出内容是民众和工厂，底层是产品展览。各层不仅在水平方向上处理成如同波浪般的起伏，在竖直方向上也自下往上向内侧倾斜。建筑师在有限的展厅内部，通过象征北极光的波浪形前倾的墙面，扩大了展示面，又使观众在视觉上倍感舒适。在材料处理上，展馆内部以不同断面的木材构成，以取得照片与木质背景之间的协调，墙体本身也成为展览的组成部分。此外，屋顶上装设了芬兰生产的压制板制造的螺旋桨，用以搅动空气，起通风的作用，同时，也是一种展品。以后的历届世博会上，芬兰馆始终都有非凡的设计，倍受世人瞩目(见图 3–57)。

图3–57
阿尔托设计的芬兰馆室内

巴西馆(Brazilian Pavilion)是 1939 年纽约世博会建

筑的代表作之一。建筑师是巴西现代建筑大师奥斯卡·尼迈耶尔(Oscar Niemeyer, 1907—),尼迈耶尔在1988年获普里茨克建筑奖。他设计的巴西馆,原先在设计竞赛时由巴西建筑师卢西奥·科斯塔(Lúcio Costa, 1902—1998)获第一名,尼迈耶尔获第二,但是科斯塔为年轻的尼迈耶尔设计的一个大坡道所打动,决定重新设计并与尼迈耶尔合作,由尼迈耶尔最终完成设计,这是建筑师培养提携年轻建筑师的一段佳话。巴西馆代表了巴西现代建筑的发展方向,将国际上的最新思潮与巴西的建筑技术、巴西对气候条件回应的传统方式完美地结合在一起。这座展览馆采用自由的平面布局,展馆呈简洁的L形,南立面呈曲线形,有一个大坡道从地面引入二层,从室外进入室内的过程形成空间的序列,展厅位于L形的长边,入口旁的镂空花格窗十分醒目(见图3-58)。建筑围绕一座种有巴西植物并饲养了蛇等动物的热带花园布置,造型构思使人联想起里约热内卢的热带风光,室内外空间和花园构成完美的结合,体现了空间的流动性和相互渗透(见图3-59)。

巴西馆的庭园由巴西著名的园林建筑师、画家、舞台设计师罗伯托·布尔莱·马克斯(Roberto Burle Marx, 1909—)设计,他是第一位巴西现代园林艺术家,起先学习绘画,他设计的园林具有超凡脱俗的意境,产生了特有的民族风格,并与现代建筑的环境相融合,以巴西本土

图3-58(下左)
尼迈耶尔设计的巴西馆

图3-59(下右)
巴西馆的庭园

的植物为基础，另外采用取自丛林、经过嫁接的植物作为点缀，为巴西的观赏环境做出了巨大的贡献。以后，他又设计了 1958 年布鲁塞尔国际博览会巴西馆的花园。

博览会上展出了机器人、空调器、彩色胶卷、尼龙丝袜、摄像机、电视机、塑料、录音机、磁带等，也展示了地铁、高速公路、国际机场等一系列的新设施，向世界展示了未来城市、未来学校、未来交通、未来餐馆等模式。

八、西雅图太空针和科学馆

西雅图举办了以“太空时代的人类”(Man in the Space Age)为主题的 1962 年专业类世界博览会，副标题是“21 世纪世界和平年代的人类，文化进步与经济发展”(Concept of Man in the World of Century 21 in an Era of Peace, Cultural Advancement and Economic Development)。早在 1955 年策划这届世博会时，设想的主题是“西方的节日”(Festival of the West)。确定以“太空时代的人类”为主题的意义在于展示美国在科学和技术以及在太空探索方面的成就和竞争能力，为此，美国国家航空和航天局(NASA)还设有独立的展馆。这届世博会显示了美国和苏联两个超级大国在关注生活质量，在意识形态和外层空间上的竞赛。1962 年 2 月，美国实现了环绕月球的太空飞行，并开始实施登上月球的“阿波罗计划”。对空间旅行的强烈兴趣已经形成全国范围的热潮。

西雅图博览会于 4 月 21 日开幕，10 月 21 日闭幕，49 个国家和 4 个国际组织参展，961 万人参观了博览会。西雅图世界博览会的举办是为了推动城市旧区的改造。在西雅图世博会之后，美国利用举办世博会为城市旧区改造和基础设施筹集资金变成了一种惯例。西雅图世博会举办后，为城市留下了一条短小的单轨列车线路、一座歌剧院、184 米高的太空针(见图 3-60)和联邦科学馆。

西雅图世博会的场地比较小，占地仅 30 公顷，但是位于城市中间，交通方便，世博会的建筑可以考虑永久地使用，从长远来说可以节约成本。一个单轨交通系统每次承载 450 名参观者，以 90 秒的速度将参观者从市中心送至世博会园区。博览会设置了 5 个主题馆：科学的世界、21 世纪的世界、商业的世界、艺术的世界和娱乐的世界。

美国建筑师唐纳德·德斯基(Donald Deskey)设计了“明日世界”展(World of To-

morrow)，展览中提出了21世纪城市和住宅的理想模式，观众可以乘球形电梯在21分钟内遨游代表明日世界的“明日城市”，球形电梯每次可以载客100人(见图3-61)。在设想的2001年，住户只要用按钮就可以简单地加以操作，烹饪、洗涤、储藏和娱乐设施、带空调的汽车、火车，甚至超音速飞机等等都是全自动的，城市中采用单轨列车作为主要的交通工具(见图3-62)。家用计算机帮助记账，购物付款都只需按一下按钮，电话是无绳的，人们可以在月亮上行走，学校可以用电视监管(见图3-63)。

图3-60(上左)
西雅图世博会的太空针

图3-61(上右)
西雅图世博会的球形电梯

图3-62(下左)
西雅图世博会的单轨列车

图3-63(下右)
西雅图世博会的21世纪城市

西雅图世博会的科学馆是日裔建筑师山崎实（Minoru Yamasaki，

图3–64
山崎实设计的科学馆

1912—1986)的作品,被称为是“典雅主义建筑”风格(见图 3–64)。西雅图是山崎实出生和成长的城市，他的父母都是从日本来美国的移民。他曾经就读华盛顿州立大学建筑学院,1949 年自己开业。在 20 世纪的 50 至 70 年代,山崎实就崭露头角,他最早成名的设计作品是圣路易斯机场航站楼(1951—1956)。西雅图世博会的科学馆为他赢得了声誉,以后他又设计了著名的纽约世界贸易中心(1962—1976)。

山崎实为西雅图科学馆设计了一个内向的展览建筑,在名为 21 世纪的博览会中,他的建筑却面向历史,采用了哥特复兴的形式。建筑布局一反西方传统，将科学馆的序厅等 5 个展室和一个休息厅分别布置在 6 个长方形的房屋内,这些房子高低错落,围合成一个三合院。各个展室按参观顺序首尾相接,院落的空间也错落有致。一大部分的院子辟为水池,形成了一个水院,人们可以在这里领略到东方园林的情趣。

建筑的基本元素是尖券,是西方中世纪哥特式建筑的符号,山崎实采用简化的哥特式建筑形象，同时又追求钢筋混凝土结构在形式上的精美。之所以采用哥特式也是寓意于美国的学院哥特式传统，美国许多古老的高等学府一般都按照哥特式风格建造校舍，同时又源于欧洲中世纪教会和修道院曾经是学术研究机构，也源于大学是教会培养神职人员的"大学堂"，因此，山崎实的哥特式表明了这座建筑与学术研究的深层关系。

西雅图世博会的科学馆在方案设计阶段，曾经遭到来自美国建筑界的强烈批评，方案几乎夭折，幸而有当地居民热烈支持才得以实现。而山崎实在社会公众中的声誉一直比在建筑师的圈子里要高，他所设计的圣路易斯普鲁伊特-艾戈居住区因社会问题于 1972 年 7 月 15 日被爆破拆毁，这个事件被建筑评论家詹克斯(Charles Jencks, 1939—)评价为后现代主义建筑的开始。

九、纽约世博会的世博地球

西雅图世博会关于"明日世界"的设想，在 1964 年纽约世博会上或多或少有所实现。尽管国际展览局没有批准这届由美国民间组织举办的博览会，但是已经被广泛公认为是自 1851 年伦敦世博会以来规模最大的世博会，许多关于世博会的文献都把这届博览会看作是正式的世博会。纽约世博会于 1964 年 4 月 22 日开始展出，到 1964 年 10 月 18 日结束，次年从 4 月 21 日至 10 月 17 日，这是在美国举办的最盛大的世界博览会，占地达 500 公顷。由于纽约世博会的组织者罗伯特·摩西(Robert Moses)一再无视国际展览局的有关规则，导致国际展览局要求成员国抵制纽约世博会，一共只有 24 个国家参展，许多欧洲国家、加拿大和苏联都没有参加这届世博会，5 160 万人参观了博览会。

1964、1965 年纽约世博会沿用的昆斯区弗拉辛草地，是 1939 年世博会以后就留下来的荒芜的场地。1964 年世博会利用了 1939 年世博会的规划、道路系统和市政基础设施，场馆的布置则有所不同。这届世博会继续了美国举办的前几届世博会的传统，主题是"通过理解走向和平"(Peace through Understanding)，副主题是"人类在扩张的宇宙和浓缩的地球上的成就"(Man's Achievement on a Shrinking Globe in an Expanding Universe)和"进步的千禧年"(A Millennium of Progress)，同时，也是为了纪念纽约城诞生300周年。这届世博会的主题反映了对冷战的忧虑，对新技术在征服宇宙方面的期望。

1964年纽约世博会的标志是美国钢铁公司赞助的12层不锈钢制作的“世博地球”(Unisphere)(见图3-65)。美国著名建筑师保罗·鲁道夫(Paul Rudolph, 1918—1997)也为这届世博会的标志提出了“银河碟”(Galaxion)的设想。

纽约州馆(New York State Pavilion)明日大帐篷采用悬挂结构(见图3-66)，是当时世界上最大的悬索结构，建筑师是美国著名建筑师菲利普·约翰逊(Philip Johnson, 1906—2005)和理查德·福斯特(Richard Foster)，这是一座十分巨大的展馆，好比一个有顶盖的足球场，实际上，一个足球场放在展馆中绰绰有余。约翰逊在一次采访中说，他感兴趣的是空间，一个延展的空间，整座建筑设计成没有墙，只有屋顶的空间，屋顶起着非常重要的作用。纽约州馆的位置在梵蒂冈馆和通用汽车馆之间，估计每天有10万人经过这里，但一般人不会在乎纽约州馆。当时的纽约州长是纳尔逊·洛克菲勒，他要求约翰逊无视规定将展馆设计成博览会上最高的建筑。建造了三座雕塑般的塔楼，最高达76米，几乎是博览会上其他建筑高度的两倍，上面有观景平台。

通用汽车馆再一次展出了“未来世界”，共有2 900万观众参观了

图3-65(下左)
1964年纽约世博会的标志“世博地球”

图3-66(下右)
纽约州馆的明日大帐篷

图3-67(上左)
1964年纽约世博会展出的“明日城市”模型

图3-68(上右)
纽约世博会设想的明日学校

图3-69(下左)
未来的海底城市

图3-70(下右)
通用汽车公司馆

通用汽车公司的展馆。博览会上展出了明日城市的模型,中间是城市的核心,周围是卫星城(见图 3-67)。美国建筑师还提出了明日学校的模式,设想用电视屏幕监管学校(见图 3-68)。继 1939 年纽约世博会上通用汽车公司展示了“未来城市全景”之后,通用汽车公司的“进步之园”再次展示了新的“未来城市全景”模型,一座真空的电气化城市,包括旅馆、餐厅,设想人类将居住在大洋海底(见图 3-69)。

这届世博会最醒目的是美国的企业馆,诸如 IBM、通用汽车公司(见图 3-70)、通用电气公司、杜邦公司、柯达公司等。其中最杰出的是位于博览会东北端的 IBM 馆,IBM 的建筑师是美国著名建筑师埃罗·沙里宁(Eero Saarinen,1910—1961)。埃罗·沙里宁出生在芬兰,他的父亲是埃利尔·沙里宁,曾经设计过 1900 年巴黎世博会的芬兰馆。埃罗·沙里宁于 1923 年随家庭移居美国, 成为建筑师后是美国 20 世纪 50

图3-71(上左)
IBM馆外观

图3-72(上右)
IBM馆的空中剧场

年代实验性建筑的倡导者之一，具有很强的创新意识。埃罗·沙里宁在1961年就开始构思，他设想的展馆应当拥有一片由钢铁制成的树的海洋，钢制树丛上面是绿色玻璃纤维气泡构成的树冠。有一个能容纳500人的称为“蓝色巨蛋”(The Big Blue)的剧场耸立在15米高的树冠之上，作为主展馆的浅蓝色巨蛋漂浮在深色调的树丛上(见图3-71)。巨蛋表面雕满IBM字样，既表明了展馆的身份，又增加了材料的质感(见图3-72)。埃罗·沙里宁于1961年故世后，IBM馆的设计由爱尔兰裔美国建筑师凯文·罗奇(Kevin Roche，1922—)和荷兰裔美国建筑师约翰·丁凯罗(John Dinkeloo，1918—1981)继续完成。IBM馆的展示设计由美国著名设计师查尔斯·埃姆斯(Charles Eames，1907—1978)和蕾·埃姆斯(Ray Kaiser Eames，1916—1988)夫妇承担。

西班牙馆获得这届世博会的建筑奖，西班牙馆表现出传统与现代的融合，建筑师是哈维尔·卡瓦哈尔(Javier Carvajal)，他从格拉纳达的艾勒汉卜拉宫借鉴了诸如庭院、曲折的入口等元素，给参观者许多惊喜。格子窗、变幻的光影使展馆产生丰富多彩的空间、层面和剖面变化。无窗建筑的外表是美国高效的工业产品，而含蓄的内部空间则是西班牙文化的集中表现。人们对西班牙馆传递梦想的力量给予了最高的评价(见图3-73)。

纽约博览会上，美国公平人寿保险公司进行了一项“人口调查”，探讨世界的未来和社会的发展，关注全球问题。

1964 年纽约世博会开始了从展示实物到展示图像的转变，计算机技术、传真机、福特公司的野马汽车、比利时的华夫饼干、迪斯尼等，博览会上的进步之园展出了电气化城市和核反应堆模型。

十、美国举办的其他博览会及其建筑

美国得克萨斯州的圣安东尼奥市在 1968 年 4 月 6 日至 10 月 6 日举办了 1968 年赫米斯博览会（Hemisfair 1968），主题是："美洲文明的汇合"（Confluence of Civilisations in the Americas），23 个国家参展。圣安东尼奥市曾被誉为全美第二位，全球第九位最受喜爱的旅游城市，与圣安东尼奥河的改造有密切的关系。博览会的展馆会后用作展览、会议、文化和体育活动的综合设施。为筹办这届博览会，对圣安东尼奥河加以改道和整治，保留了园址上的 20 余幢历史建筑。圣安东尼奥河经过整治后，成为城市生活的中心，免除了洪水的威胁，亲水的河岸两边有休闲步道，沿圣安东尼奥河约 4.5 公里长的河畔，布满了商店、餐厅、咖啡屋、酒吧、博物馆和露天剧院。整个河畔步行街利用地形布置在河谷地带，与车行交通分隔开，步行街穿过 21 个街坊，河上架有 35 座桥梁，许多高高低低的台阶形成许多亲水平台。在夏日，河水使周围降温，几乎覆盖整个河道的橡树枝为人们遮荫（见图 3–74）。

图3–73(下左)
卡瓦哈尔设计的西班牙馆

图3–74(下右)
圣安东尼奥河畔

联合国于1972年在斯德哥尔摩召开了首次以环境为议题的国际会议。两年后，在美国斯波坎举办了以“无污染的进步”(Celebrating Tomorrow's Fresh Environment)为主题的1974年国际环境博览会,这是历史上第一次明确地将环境问题作为主题的世博会，也是自1968年美国加入国际展览局后举办的第一个世博会。博览会于1974年5月4日开幕,11月3日闭幕,10个国家参展，参观人数为480万。1974年6月5日,在斯波坎世博会规定了第一个世界环境日,活动主题为“只有一个地球”。

1969年,位于美国华盛顿州东部的斯波坎市计划在1973年举办大型活动,庆祝斯波坎建城100周年。为此，当地政府请咨询专家来评估一下庆祝计划的可行性。结合当地治理斯波坎河的强烈意愿,咨询报告建议百年庆祝推迟到1974年,举办一次以环境为主题的世界博览会。斯波坎是世博会历史上最小的举办城市。20世纪70年代,斯波坎市当时的人口只有18万,算上周边地区人口也只有25万。

这届世博会最大的外国馆是苏联馆。在当时的国际环境下,出现在斯波坎的苏联馆是许多参观者选择在第一时间参观的展馆。苏联馆正门口安放着列宁的巨大头像,展示了在环境保护和国土规划上的现状。

斯波坎博览会的选址意在治理斯波坎河，美国馆设在河中的（Havermale Island)岛上,世博园区在闭幕后成为独具特色、引人入胜的游乐园——“河滨公园”的核心。斯波坎河曾在当地工业发展时期遭到污染,本届世博会的建设,彻底治理了斯波坎河的污染。世博会不仅为斯波坎市带来一条干净的河流,而且还建造了河滨公园、歌剧院和会议中心。也正是从1974年斯波坎世博会起,世博会开始关注环境的价值。

虽然1974年斯波坎世博会没有留下标志性建筑，也没有展出惊世骇俗的展品。但人们至今没有遗忘斯波坎世博会,因为斯波坎世博会触及了国际社会面临的最严峻的问题——环境保护。在环保命题下,人类需要思考生存危机,需要反省生活方式。

1982年5月1日至10月31日，在美国的诺克斯维尔举办了主题为“能源——世界的原动力”的世界博览会,博览会的场地上建造了一个500平方米的太阳能集热器,作为博览会空调和热水的能源。法国馆展出了一辆未来的节油汽车以及高速列车的模型,博览会也展出了太阳能房屋、利用核能的原子能增殖反应堆模型等。这届世博会的标志是一座高 81 米的太阳球(Sun Sphere),它的顶部是一个金黄色的玻璃球,直径为 23 米,玻璃表面镀 24K 金,阳光下金光熠熠。内部有一间装饰豪华的餐馆、鸡尾酒吧和一个瞭望台(见图3-75)。新中国首次正式参加了这届世博会。

接下来,1984 年 5 月 12 日至 11 月 11 日,美国又举办了主题为"河流的世界,水乃生命之源"(The Worlds of Rivers - Fresh Water as a Source of Life)的 1984 年新奥尔良世博会。26 个国家参展,有 733 万名观众。这届世博会的总监是阿兰·埃斯考(Allen Eskew),美国著名建筑师查尔斯·摩尔(Charles Moore,1925—1993)是总体规划顾问,他设计的奇景墙(Wonderwall)是博览会上最受欢迎的娱乐区,受新奥尔良传统的"肥美的星期二"节的影响,摩尔和他的设计组创造了一组欢乐而又奇幻的色彩鲜艳的建筑,建筑师说他们的构思受到北京颐和园长廊的启示(见图 3-76)。为筹备这届博览会,建筑师们整整用了四年时间使他们的作品臻于完美。摩尔还设计了博览会的百年纪

图3-75(下左)
诺克斯维尔的太阳球

图3-76(下右)
摩尔设计的奇景墙

念展馆(Centennial Pavilion)。这是一组位于水边的建筑群,表现了摩尔的后现代主义建筑思想,将各种建筑元素加以拼贴,产生舞台布景式的效果(见图 3-77)。

图3-77
百年纪念展馆

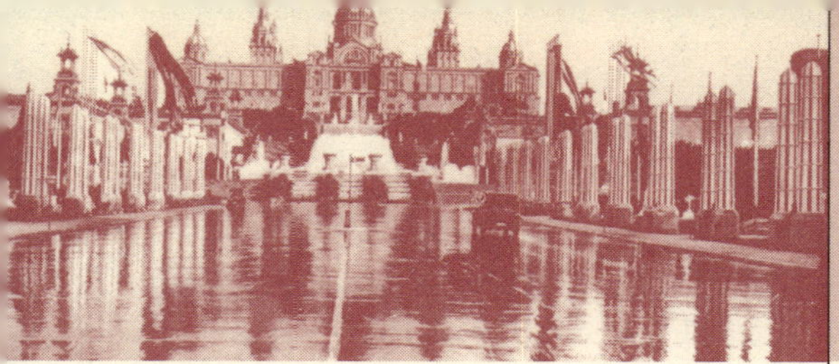

第4章

南欧的世博会建筑

南欧诸国在整个欧洲的发展过程中相对比较迟缓，工业化的进程只是在20世纪50年代才刚刚起步。在南欧国家举办的主要世博会包括1888年巴塞罗那世博会、1929年巴塞罗那世博会、1929年塞维利亚伊比利亚美洲博览会、1992年塞维利亚世博会、1992年热那亚世博会、1998年里斯本世博会和2008年萨拉戈萨世博会等。其中，西班牙的贡献尤为重要。早在20世纪30年代，一位著名的英国品酒师说过："关于西班牙最奇妙的事情莫过于如此之西班牙。"西班牙特殊的历史文化环境，特殊的气候孕育了富有特色的世博会，为世博会增添了光彩。

巴塞罗那曾经是20世纪西班牙建筑最活跃的中心。世纪之交，强烈的加泰隆地区意识，使这座城市成为泛欧"民族浪漫主义"现象中最激动人心的地方。在加泰罗尼亚，这一运动被称为现代主义(Modernismo)，与那时马德里等地通常实行枯燥学究气的新世纪派古典主义(Classicism of Noucentistes)形成对照。然而，其他地域主义的运动，也在1900年后的西班牙建筑中形成和发展，直至西班牙内战爆发。西班牙的历史决定了建筑领域的命运，可能除俄罗斯之外，政治地缘因素对西班牙建筑的影响远远超过任何其他欧洲国家。西班牙建筑经历过一系列的演变并适应了社会、历史与环境的变化和冲突，这片土地正在成为一片开放的国土，既接纳移民，又向其他国度输出人口。多元文化和多种气候、多民族以及深厚的艺术传统对西班牙建筑的影响是显而易见的，基督教文化、伊斯兰文化以及拉丁美洲文化等都在这里深深扎根。20世纪初，受现代主义和新艺术运动的影响，出现过一个短暂的辉煌时期。安东尼·高迪（Antonio Gaudi，1852—1926）和多梅内奇-蒙塔内尔(Lluis Domènech i Montaner，1850—1923)引领了西班牙的现代建筑运动，融合了自然主义、古典主义、新艺术运动和哥特式功能主义。

西班牙的现代理性主义建筑在何塞普·路易·塞特（Josep Lluis Sert,1902—1983)、安东尼·科德尔赫(Antonio Coderch,1913—1984)和工程师爱德华多·托罗哈(Eduardo Torroja,1899—1961)等的推动下,将地中海的地域传统与现代主义结合,以建筑的高度表现力产生了广泛的国际影响。正如意大利建筑师和理论家维多利奥·格里戈蒂(Vittorio Gregotti,1927—)所说:“在西班牙有一种静谧,一种静止的空间,就形态而言属于古典,并非来自显而易见的渴望,而是出自于欧洲中心的建筑空间的运动,由此诞生了现代建筑。”①

经历了20世纪中叶的沉寂期之后,西班牙建筑在20世纪80年代起又有了新的希望和生机,传统使西班牙建筑具有足够的力量在新的历史时期形成沉淀,而多元文化和跨地域性又使它充满想象力和张力。20世纪90年代是当代西班牙的黄金时期,似乎可能再度成为世界性的帝国,不过这回的崛起是在城市建设和建筑领域,而不是像18和19世纪那样在地缘政治领域。西班牙自1986年成为欧盟的成员之后,曾经获得1 100亿欧元的资金用于发展,西班牙的人均国民收入也从20世纪70年代中期的1 500美元,迅速增加到2004年的23 000美元。随着经济的迅速增长和旅游业的发展,大量人口从农村涌入城市,都市人口呈现出多元化的趋向。

西班牙充分利用了大型事件和国际活动来促进各个城市的发展，许多城市都经历了一场蜕变。在1992年塞维利亚世界博览会和第25届巴塞罗那奥运会这两项国际性活动举办之后,西班牙经历了一场空前规模的城市建设和增长,西班牙建造了堪称欧洲最多数量的公共建筑和基础设施,包括机场、博物馆、车站、医院、图书馆、体育场、会议中心,以及铁路系统和道路网、桥梁等。像马德里、巴塞罗那、毕尔巴鄂、巴伦西亚等城市在历史的机遇来临之际,用高品质的城市更新和建设项目使城市环境不断优化,创造了一批优异的富于创意的城市设计和景观设计,将传统的环境与现代精神的互动演绎得精美绝伦。西班牙建筑领域的成就还表现在城市环境设计、都市空间设计、广场街道设计、历史街区保护与更新等。

西班牙的城市中心区和历史传统正得到全面的复兴，西班牙的历史遗迹和建

① 转引自 Gabriel Ruiz Cabrero. *Spagna Architettura, 1965—1988.* Electa. 1989.7。

筑成为无可比拟的精神财富和文化宝藏。经济的发展为建筑师的成长提供了历史的机遇,西班牙建筑师表现出积极的创造精神和深邃的实验性,出现了许多世界级的建筑大师,如拉斐尔·莫尼欧(Rafael Moneo,1937—)、恩里科·米拉莱斯(Enrico Miralles,1955—2000)、圣地亚哥·卡拉特拉瓦(Santiago Calatrava,1951—)、卡梅·皮诺斯(Carme Pinós)等,老一辈的大师则有:里卡多·博菲尔(Ricardo Boffil,1939—)和何塞普·路易·塞特、亚历杭德罗·德拉·索塔(Alejandro de la Sota)等,莫尼欧在1996年获得普里兹克建筑奖。西班牙建筑师代表了自20世纪70年代以来不同的创作方向,但始终表现出地域主义建筑的批判性精神。同时,西班牙的青年建筑师迅速成长,大量的当代实验性作品属于青年建筑师的创作,西班牙被赞誉为青年建筑师的创作天堂。

此外,许多国际建筑师也参与了西班牙建筑的发展,美国建筑师弗兰克·盖瑞(Frank Gehry,1929—)、理查德·迈耶(Richard Meiyer,1934—)和彼得·埃森曼(Peter Eisenmann,1932—),英国建筑师诺尔曼·福斯特(Norman Foster,1935—)、理查德·罗杰斯(Richard Rogers,1933—)、扎哈·哈迪特(Zaha Hadid,1950—)、大卫·奇普菲尔德(David Chipperfield,1953—),法国建筑师让·努维尔(Jean Nouvel,1945—)和多米尼克·佩罗(Dominique Perrault,1953—),意大利建筑师马西米利亚诺·福克萨斯(Massimiliano Fuksas,1944—),日本建筑师伊东丰雄(Toyo Ito, 1941—)等,都在西班牙留下了优秀的作品。他们的作品在西班牙文化和建筑传统的熏陶下,也推动了西班牙建筑的实验性和先锋性。西班牙的建筑已经成为世界建筑的一个宝库。

西班牙建筑从20世纪90年代开始走向世界,并受到全世界的赞誉。以含蓄中的震撼力著称的西班牙建筑将新与旧、历史与现实融合,已经形成独特的多元化风格。西班牙的建筑师占全人口的比例居全球最高,他们的建筑创作极富表现力,具有现代性和世界性。在西班牙的世博会建筑以及西班牙在历届世博会的展馆都表现出了深远的创造性,如1937年巴黎世博会、1958布鲁塞尔世博会、2000年汉诺威世博会、2005年爱知世博会等博览会上的西班牙馆均有优秀的表现,对当代世界建筑的发展具有重要的影响力。

意大利在举办世博会方面也有悠久的历史,早在1902年,意大利就举办过都灵现代装饰艺术博览会。1911年4月29日至11月19日,都灵举办了以“工业与劳

图4–1(上左)
奈维设计的都灵劳动宫屋盖

图4–2(上右)
夹层的楼板结构

动”为主题的世博会(Esposizione Internazionale delle Industrie e del Lavoro per il 50e Anniversario della Proclamazione del Regno d'Italia),为期 205 天,占地 120 公顷,37 个国家参展,741 万人参观了这届博览会。

都灵于 1961 年 5 月 1 日至 10 月 31 日举办了庆祝意大利统一 100 周年的“国际劳动博览会”(International Labour Exhibition)。这届博览会上意大利土木工程师皮耶·路易吉·奈尔维 (Pier Luigi Nervi, 1891—1979)设计的劳动宫大厅表现了钢筋混凝土结构的美。由于施工工期很短,只有 10 个月的时间,设计与施工配合十分默契。16 根高度为 20 米的变截面柱子支承着 40 米见方的大蘑菇伞。博览会后劳动宫被改造成一所职业和技术培训中心。钢结构的蘑菇顶盖边长 40 米,相互间以 20 厘米宽的带窗分开(见图 4–1)。此外,他设计的夹层展厅的钢筋混凝土楼板上的板肋按照受力的等应力线布置,也发挥了很好的表现力(见图 4–2)。奈尔维说过:“一个技术上完善的作品,有可能在艺术上效果甚差,但是,无论是古代还是现代,却没有一个从美学观点上公认的杰作而在技术上却不是一个优秀的作品的。看来,良好的技术对于良好的建筑说来,虽不是充分的,但却是一个必要的条件。”①

米兰举办了 1906 年以“交通”为主题的国际博览会(International

① 奈尔维:《建筑的艺术与技术》,黄云昇译,北京,中国建筑工业出版社,1981 年。

Exposition of Transport)，当年4月28日开幕，11月11日闭幕，博览会占地100公顷，25个国家参展，吸引了1 000万观众（见图4-3）。

米兰自1923年起举办三年展，成为国际展览局认可的博览会。自1933年注册以来，米兰三年展已经有将近80年的历史，米兰于1933年5月举办"装饰艺术和现代工业及现代建筑博览会"，这个博览会每三年举行一次。为举办三年展，米兰建造了艺术宫（Palazzo dell'Arte，1932—1933），建筑师是乔瓦尼·穆齐奥（Giovanni Muzio，1893—1982），造型十分简朴，为典型的意大利理性主义建筑风格。至今，艺术宫仍用作三年展的主展馆（见图4-4）。

1940年第7届三年展后，因二次大战，第8届三年展于1947年举行。1988年第17届意大利米兰三年展的主题涉及城市，"世界城市与大都市的未来"（World Cities and the Future of the Metropolis, International Exhibition of the XVII Milan Triennale），重点展示建筑领域的创新和城市规划的变革。其总体背景是迄今为止还没有这种关于大都市问题的比较研究和深层次的交流，大都市群的积聚现象日益明显，都市现象已经成为全球必须密切关注的问题。城市人口比20年前几乎翻了一番，全球化现象已初露端倪，出现了地球村（Global Village）的概

图4-3(左图)
米兰1906年博览会主入口

图4-4(右图)
米兰三年展艺术宫

念,大都市的数量也在急剧增加。在这次三年展上,将城市问题归结为城市的身份认同,城市贫困问题,城市公共空间,城市形态,城市规划的制度和程序问题,经济和产业重组等。这次三年展是有关城市问题的第一次大型综合性国际展览,意大利、荷兰、法国、西班牙、俄国、德国、瑞典、芬兰、日本、韩国、加拿大、美国、哥伦比亚、墨西哥、埃塞俄比亚等国参加了展览。米兰也将在2015年举办主题为"给养地球:生命的能源"的世博会。

虽然1942年罗马世博会最终由于第二次世界大战而未能举办,却留下了宝贵的建筑遗产。1992年热那亚世博会尽管规模不大,影响也远不及同年在西班牙塞维利亚举办的世博会,但是热那亚为筹办世博会而对城市及港区的改造是对城市发展史的重要贡献。意大利建筑师无论在建筑理论还是建筑创作方面都处于世界领先的地位,意大利建筑师阿尔多·罗西(Aldo Rossi,1931—1997)、伦佐·比阿诺(Renzo Piano,1937—)相继于1990年和1998年获得普里兹克建筑奖。

1998年葡萄牙里斯本世博会对城市的发展有着历史性的影响,完善了里斯本的城市基础设施,虽然博览会的规模比较小,但是却出现了一些优秀的建筑,里斯本世博会给予葡萄牙建筑师创作的机会,让他们能够设计较大型的建筑,展示他们的才华,以1992年获得普里兹克建筑奖的阿尔瓦罗·西扎(Alvaro Siza,1933—)为代表的葡萄牙建筑师在博览会上的创作也赢得了国际声誉。

一、西班牙广场和巴塞罗那展览馆

在参加了许多届世博会之后,西班牙人终于不甘心作为客人参加世博会,1888年巴塞罗那第一次举办了世博会,1888年4月8日开幕,12月10日闭幕,占地46.5公顷,30个国家参展(图4-5是该博览会农业馆)。当年,巴塞罗那的人口只有40万,246天的博览会吸引了230万参观者。这届世博会受到1867年巴黎世博会强烈的影响。1876年的费城世博会和1884年的比利时安特卫普世博会激励了西班牙参展团的代表欧亨尼奥·塞拉诺·德·卡萨诺瓦(Eugenio R. Serrano de Casanova),是他最先提议在西班牙举办世博会,同时,他想把比利时博览会的展馆照搬到巴塞罗那,想在博览会上建造一座高达210米的孔达尔塔(Torre Condal)。这些愿望都没能实现，由于1887年出现的财政困难，塞拉诺被解职。在巴塞罗那市长弗兰塞斯克·德保拉·里乌斯–陶莱特（Francesc de Paula Rius i Taulet）的推动下，这届博览会得以成功举办。这届博览会的总建筑师是M.埃利·罗恒特–阿马特（M. Elies Rogent y Amat）。

1888年世博会成为城市更新的重要组成部分，重新塑造了巴塞罗那这座城市，拆除了古老的城堡，新建了一所大学和许多居住社区，以适应时代的经济需求。博览会会场就建在原来的城堡所在地，西班牙展馆占了60%的场地，12 900家参展者中，66%来自西班牙（图4–6是该博览会机械馆内景）。

今天还留下了当年由建筑师何塞普·比拉塞卡–卡萨诺瓦斯（Josep Vilaseca i Casanovas）设计的作为博览会南大门的用红色和黄色砖砌的仿古罗马式的凯旋门（Arc de Triomf）（见图4–7），一座由建筑师路

图4–5（下左）
1888年巴塞罗那博览会农业馆

图4–6（下右）
1888年巴塞罗那博览会机械馆内景

图4–7（下图）
1888年巴塞罗那博览会南大门

易·多梅内奇-蒙塔内尔(Lluis Domènech i Montaner,1850—1923)设计的咖啡馆和餐厅(1887—1888,今动物博物馆),可能是由于工期紧张,建筑立面几乎没有什么装饰。多梅内奇是加泰罗尼亚地区19世纪末和20世纪初最杰出的建筑师之一,他的代表作是加泰罗尼亚音乐宫(Palu de la Música Catalana,1905—1908)。

继1888年之后,1929年巴塞罗那第二次举办世博会,1929年5月20日开幕,次年1月15日闭幕。这届世博会选址在蒙特惠奇山,占地118公顷。早在1913年,巴塞罗那就开始筹备一届博览会,计划在1917年举办,主题是"电气时代",以展示新兴的电气化和工业化的成果,由于第一次世界大战以及西班牙的政治局势而不得不夭折。

1929年的世博会在两座城市同时举行,巴塞罗那世博会的主题是"工业,西班牙艺术和体育"。塞维利亚世博会实际上是西班牙语国家博览会,称为"伊比利亚美洲博览会"(1929 Ibero-American Exhibition),主题是"西班牙殖民地的富庶"(Spain's colonial wealth)。西班牙1929年的博览会标志着西班牙进入了现代化。

1929年巴塞罗那世博会将原来作为城堡和监狱的蒙特惠奇山修建成为城市公园,圆形的西班牙广场是博览会的主要入口,大道由此向城市其他地区辐射。为筹办博览会,新的道路网早在1915年就开始建设,同时,景观设计师让-克劳德-尼古拉·福雷斯蒂尔(Jean-Claude-Nicolas Forestier,1861—1930)和建筑师尼古拉斯·M. 鲁维奥·图杜里(Nicolás M.Rubió Tudurí)受命实施世博会园区的景观工程。让·福雷斯蒂尔是法国景观建筑师,曾经参与巴黎战神广场和许多公共空间的设计,他是1925年巴黎世博会园艺展的主管,他撰写的关于大城市和公园系统的著作有着广泛的影响。

1929年巴塞罗那世博会留存至今的建筑物数量相当多,如此大规模的后续利用是前所未有的(见图4-8)。主要的有普伊赫-卡达法赫(Puig i Cadafalch)设计的位于蒙特惠奇山中轴线两侧的阿方索十二世宫和维多利亚·欧仁妮宫(1923—1928)、由恩里克·卡塔(Enric Catà)、佩德罗·森多亚-奥斯科斯(Pedro Cendoya i Oscoz)和佩雷·多梅内奇-罗拉(Pere Domènech i Roura)等设计的民族宫(1925—1929,今为加泰罗尼亚艺术博物馆)、何塞普·戈代-卡萨尔斯(Josep Goday i Casals)设计的巴塞罗那城市馆(1928)、佩雷·多梅内奇设计的普雷姆萨出版社总部大楼

(1926—1929,今警察局大楼)、曼努埃尔·M.马约尔·费雷尔(Manuel M. Mayol Ferrer)和何塞普·M. 里瓦斯·卡萨斯(Josep M. Ribas Casas)设计的农业馆(1927—1929,今弗罗厄剧院市场)、佩拉约·马丁内斯·帕里西奥(Pelayo Martinez Paricio)和雷蒙·杜兰·雷纳尔斯(Raimon Duran Reynals)设计的书画刻印艺术馆(1927—1929,今巴塞罗那考古博物馆)、佩雷·多梅内奇-罗拉设计了城市体育场(1928,为举办 1992 年巴塞罗那奥运会,经过改建成为主体育场)、福雷斯蒂尔和图杜里设计的希腊剧院(1929)等。一般情况下世界博览会不会与体育运动相结合,但是这届博览会把体育作为主题之一,于是建造了一座体育场。在筹备期间,扩建了火车站等市政设施。大部分建筑都采用了所谓的新世纪风格,一种西班牙文艺复兴式和意大利文艺复兴式的拼贴,戈代-卡萨尔斯设计的巴塞罗那城市馆就借鉴了意大利文艺复兴建筑师布鲁内莱斯基在佛罗伦萨的建筑风格。

所有展馆中最吸引参观者的是建筑师弗朗切斯科·弗鲁埃拉(Francesco Foluera)和拉蒙·雷文托斯(Ramon Reventos)设计的西班牙村(Pueblo Español),复制了西班牙各个地区不同历史时期的本土建筑,展示各地的日常生活场景(见图 4-9)。

通往博览会的西班牙广场上有两座 1927 年建造的塔楼作为标志(见图 4-10),塔楼酷似威尼斯圣马可广场的钟楼,建筑师是拉蒙·雷文

图4-8(左上)
巴塞罗那博览会全景

图4-9(右图)
西班牙村

图4-10(左下)
巴塞罗那世博会主入口西班牙广场

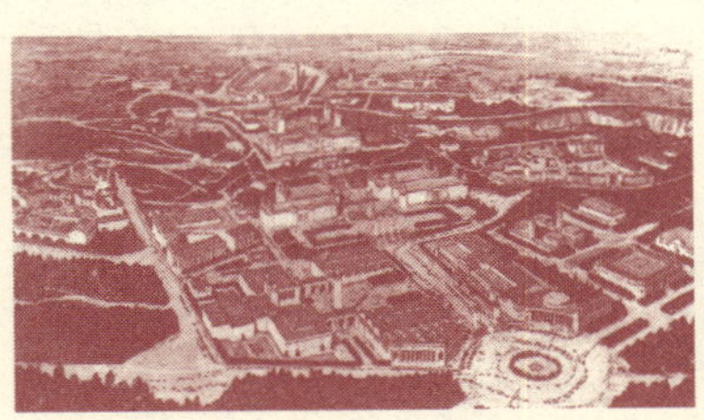

托斯。进入门楼就是马利亚·克里斯蒂娜大道，两侧排列着带柱廊的交通运输馆，建筑师是费利克斯·德·阿苏亚·格吕阿（Félix de Azúa Gruart）和阿多夫·弗洛伦萨·费雷尔（Adolf Florensa Ferrer）。大道曾经在1985年经过景观改建。笔直的大道尽端，民族宫前第一层台阶上是一座由工程师卡莱斯·布伊加斯（Carles Buïgas）设计的“神奇喷泉”，喷泉有灯光照明，并变幻色彩，表达了这届世博会炫耀电气工业发展的初衷。

西班牙广场中央的喷泉是1928年由建筑师何塞普·M. 尤约尔·希韦特（Josep M. Jujol Gibert）设计的，1992年经过修整。西班牙广场周围还建造了几座旅馆，今天，有一座旅馆改作学校，一座成为警察局，另一座由图杜里设计的旅馆直到1991年被拆除，以建造一座体量庞大的新旅馆。

作为这届博览会主展馆的民族宫（Palacio Nacional）位于蒙特惠奇山上，博览会雄伟的中央轴线的南端，地理位置十分优越，从这里可以俯瞰全城，民族宫的轮廓线也成为城市天际线的重要构图（见图4–11）。建筑师是佩雷·多梅内奇–罗拉、佩德罗·森多亚–奥斯科斯和恩里克·卡塔。多梅内奇–罗拉是加泰罗尼亚著名建筑师路易·多梅内奇·伊·蒙塔内尔之子。民族宫表现了西班牙建筑现代化之前的学院派新古典主义，折衷综合了各种建筑风格。建筑的核心是一间装饰华丽庞大的椭圆形中央大厅（见图4–12），1934年改为加泰

图4–11(下左)
民族宫

图4–12(下右)
民族宫大议事厅

罗尼亚艺术国家博物馆，收藏了从中世纪前期一直到 20 世纪先锋派运动时期的艺术作品。1985~2004 年由意大利建筑师加埃·奥伦蒂重新对室内进行了更新设计，前面已经提到过，奥伦蒂曾经在 1980~1986 年将巴黎的奥尔赛火车站改造为博物馆。

这届博览会最具历史意义的建筑是德国建筑师，现代建筑大师路德维希·密斯·凡·德·罗设计的 1929 年巴塞罗那世博会德国馆（1981—1986 重建），尽管这届博览会的许多建筑都留存至今，但是都被人们淡忘了，模糊了建造的年代，忘却了设计这些建筑的建筑师，唯独巴塞罗那德国馆成为博览会最灿烂的纪念碑。它标志着现代建筑的诞生，这座建筑一直被评论家和建筑师赞誉为现代建筑的里程碑之一，也有建筑史学家称它是“20 世纪最美的建筑”，是人类建筑史上的杰作。密斯当年 43 岁，担任德国制造联盟的副主席，在德国建筑界有一定的声望，他曾于 1927 年主持了在推动国际现代建筑发展上有着十分重要作用的斯图加特魏森霍夫住宅展览会，又为展览会设计了一座玻璃展览馆，取得了突出的成就。于是，巴塞罗那世界博览会德国馆的任务就落在密斯身上。

考虑到既要突出产品，又要表现建筑，密斯将展览馆分为两座建筑来设计。一座是德国馆，另一座是电气馆。电气馆展出德国的电气产品，是一座实用性的展览建筑，没有特殊的个性，一般不为人所知。

为了适应周围的环境，密斯在设计巴塞罗那世博会德国馆时，拒绝了原先留给德国馆的场地，而自己选择了现在位于阿方索十二世和维多利亚·欧仁妮宫旁边的位置。该展览馆体现了密斯的流动空间的思想，通过屋顶平面和材料的变化，没有一处空间是封闭的，室内外空间完美地融为一个整体。这座展览馆所占地段长约 50 米，宽约 25 米。其中包括一个主馆和两间附属用房。这个展览馆除了建筑本身和家具外，没有其他的陈列品，是一座供人参观的大厅，建筑本身就是唯一的展品（见图 4–13）。整个展馆坐落在一片略微提高的基座上，主馆有 8 根十字形断面的钢柱，上面顶着一块薄薄的简洁的屋顶板，长 25 米，宽 14 米左右。尽管受到建造工艺的限制，建筑不得不采用一些承重墙，人们依然能够从这座建筑上感觉到全新的建造方式和空间概念。自然光线通过地面反射到平整光滑的顶棚上，连续的顶棚产生了一种似乎像飘浮在天空中的感觉。两座围绕水池的庭院使室内各部分之间，室

图4-13(上左)
巴塞罗那德国馆室内

图4-14(上右)
重建后的巴塞罗那展览馆

内与室外之间相互穿插，室内为半封闭和半开敞的空间，成为流动空间的典型。

尽管现代建筑强调功能，实际上这座建筑并没有遵循这个准则，建筑本身就是展品。建筑使参观者与建筑形成互动，充分体现了建筑师的“少就是多”的思想，人们会在这座建筑上体会到建筑师所崇尚的“少到极致”的美学品质。但是，建筑师十分注重材料的品质和细部。例如，该建筑使用了不同的具有微妙差别的玻璃，深灰色和白色平板玻璃、绿色镜面玻璃和磨砂玻璃。人们是这样评价的：“准确如机器，光晶似钻石。”该展览馆在1930年拆除，用船运回德国，过了将近四分之一世纪，人们才重新认识到该展览馆作为西方建筑里程碑的意义。1980年，时任巴塞罗那市规划局局长的波依加斯倡议重建这座建筑，并于1981~1986年在原址按原样重建(见图4-14)，建筑师是克里斯蒂安·契里奇·阿洛马尔(Christian Cirici Alomar)、费尔南多·拉摩斯·加利诺(Fernando Ramos Galino)等。1986年6月2日举行落成典礼，今天是密斯·凡·德·罗基金会的驻地(图4-14是该展览馆室内)。

在1929年前后，这座建筑已经引起普遍的关注。有评论家认为，这座建筑提供了新的空间体验，所呈现的精确的比例和精神，可以追溯到18世纪的古典主义，同时又融合了构成主义和立体主义。可以说，很少有建筑像巴塞罗那世博会德国馆那样成为世界建筑史上承前启后的典范。建筑显示出一种豪华的气质，是品质的表现，而不是量的堆砌。

美国现代建筑运动的理论家和史学家亨利-拉塞尔·希契科克

(Henry-Russell Hitchcock,1903—1987)曾经这样评价这座建筑:"这是20世纪足以与过去的伟大时代较量的少数建筑之一。"也有人认为,这是一座超越自然的建筑,是时代精神的表现。

塞维利亚曾经举办过1905年"塞维利亚农业、葡萄酒和采矿业产品博览会"和1908年4月2日至5月3日"西班牙在塞维利亚博览会"。直接影响了1929年的伊比利亚美洲博览会。伊比利亚美洲博览会原名西班牙语国家博览会,原先计划在1914年举行,由于第一次世界大战的爆发而不得不延期,改在1929年举行。这届博览会的目的是在当时的形势下,宣传爱国主义精神,改变道德低下的状况。同时,也是为了象征地补偿1898年美西战争中丧失的殖民地。

伊比利亚美洲博览会于1929年5月7日开幕,1930年6月21日闭幕,有22个西班牙语国家,此外还邀请葡萄牙、巴西和美国参展。塞维利亚博览会遗留下来的主要建筑是今天城市中心的西班牙广场(Plaza de España,1914—1928)以及博览会的大部分建筑。西班牙广场的建筑师是阿尼瓦尔·冈萨雷斯(Aníbal González),冈萨雷斯也负责规划总面积达140公顷的博览会。西班牙广场位于城南19世纪的玛丽亚·路易莎公园(Parque de María Luisa)中。1893年,玛丽亚·路易莎·费尔南达女公爵把圣特尔莫宫(1682—1796)的场地赠送给塞维利亚市,景观设计师让·福雷斯蒂尔在1929年重新设计了玛丽亚·路易莎公园(图4-15是玛丽亚·路易莎公园中的艺术宫)。

西班牙广场呈直径为200米的半圆形,弧形的建筑两端以高耸的塔楼收头,平面构图是帕拉弟奥式的,勾勒出一个具有动态形象的椭

图4-15
玛丽亚·路易莎公园中的艺术宫

圆形(见图 4-16)。高 70 米的巴罗克风格的塔楼设计显然受到塞维利亚大教堂的希拉尔达塔(La Giralda)顶部的影响,建筑的前面有弧形的湖面和桥,湖面上可以划船(见图 4-17)。河岸上的蓝白相间的瓷砖栏杆和瓶饰十分富丽堂皇(图 4-18 是桥上的装饰)。广场中央有一座由建筑师特拉维尔(Traver)设计的喷泉。西班牙广场是地域建筑的典范,建筑的 58 个开间的基座上都分别用彩色瓷砖装饰着西班牙统治的各个地区和行省的图案,清水红砖墙面与色彩纷繁的瓷砖装饰表现了西班牙的历史,整个广场具有强烈的纪念性(见图 4-19)。

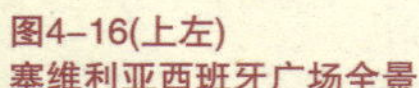

图4-16(上左)
塞维利亚西班牙广场全景

图4-17(上右)
塞维利亚西班牙广场建筑

图4-18(下左)
桥上的装饰

图4-19(下右)
西班牙广场细部

二、新罗马规划与建筑

早在 1902 年，意大利就举办过都灵现代装饰艺术博览会（Esposizione d'Arte Decorativa Moderna），1902 年 5 月 10 日开幕，11 月 10 日闭幕。自 20 世纪 30 年代起，意大利的许多城市都纷纷举办时装展或各种展览会，尤其是北方城市。米兰自 1923 年起举办三年展（Triennale di Milano），成为国际展览局认可的博览会。米兰曾经在 1906 年举办过一届博览会，这次博览会是陆、海、空交通工具发明和改进的大聚会，同时举办汽车、航空等国际比赛，标志着意大利从此进入了博览会的舞台。作为意大利的经济中心和文化中心，米兰三年展是意大利重要的博览会之一，也是唯一在国际展览局注册的定期博览会，获得国际博览会的正式身份。自 1933 年注册以来，米兰三年展已经有将近 80 年的历史，主要的展示领域是：装饰艺术、工业艺术和现代建筑，具有很好的品质，成为国际上这些领域最重要的展示场所。

为庆祝意大利法西斯主义建立 20 周年，墨索里尼在 1936 年 5 月建立意大利帝国一个月后，申请举办 1941 年罗马世博会（Esposizione Universale di Roma，又称 EUR），尽管当时意大利侵略了埃塞俄比亚，仍然被国际展览机构授予 1941 年世博会的申办权。意大利统治当局试图借这次世博会向全世界显示自己的实力。以后又为了庆祝 1942 年的法西斯统治 20 周年，完全无视法定的举办时间，计划将世博会延至 1942 年举办，因而新罗马也称之为 E'42。

这届世博会强调提升精神因素，注重人性的进步，避免以往世博会的商业行为，世博会的主题定为“文明的奥运盛会，昨日，今日与明日”（The Olympics of Civilization,Yesterday, Today and Tomorrow）。E'42 的总监是维多里奥·契尼（Vittorio Cini）。

考虑到都市疏解的政策和建设新城的计划，世博会的选址没有设在历史城市中，而是选在罗马城外几公里的一座俯瞰台伯河的绿色山丘上，计划将世博会的永久性建筑作为新罗马的核心。一条铁路线和一条 6 车道的高速公路将新城与罗马相连接，这是罗马第一条高速公路，称为“帝国大道”（Viale Imperiale）。契尼在 1936 年指定建筑师马尔切洛·皮亚琴蒂尼（Marcello Piacentini，1881—1960）编制规划。

1937 年，皮亚琴蒂尼组建了由建筑师朱塞佩·帕加诺(Giuseppe Pagano,1896—1945)、来自萨包迪亚的建筑师路易吉·皮奇纳托(Luigi Piccinato,1899—1983)、教会建筑师和类型学专家埃托雷·罗西(Ettore Rossi)、路易吉·维耶蒂(Luigi Vietti)等意大利建筑师参加的世博会规划小组,并于 1937 年 4 月动工兴建新城。次年,皮亚琴蒂尼对总体规划又进行了修改，将最初比较松散的自由布局规则化。新城规划是意大利建筑师中现代派和传统派之间的妥协,但是传统的成分占主导地位。皮亚琴蒂尼是墨索里尼的御用建筑师,罗马大学教授,意大利理性主义和新古典主义建筑的代表人物，曾经设计过罗马大学城的规划和大学主楼等许多具有影响力的建筑。

图4-20(上图)
1938年的新罗马规划

图4-21(下图)
新罗马全景

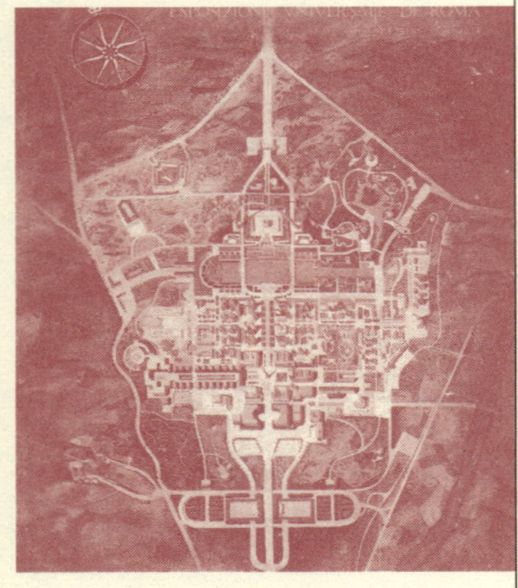

罗马在第一次世界大战后迅速地扩展,E’42 为罗马的发展提供了新的机遇,由于第二次世界大战的爆发,这届世博会未能举办,留下了一个称为新罗马的卫星城,并在战后继续得到发展。这个规划的核心是为未来的帝国都市建造城市中心,建筑都是永久性的。城市从罗马的边界一直伸向海滨，各类建筑和展馆都布置在帝国大街这条纪念性的中轴线上，呈对称布置，并坡向一个人工湖(见图 4–20)。

新罗马的规划和建筑体现了意大利新理性主义的风格(图 4–21 为新罗马全景),新罗马的建筑风格崇尚以传统材料和施工技术为主导的古典主义，钢和玻璃结构被认为与当今政府的政策格格不入。1937 年年底,在总体规划完成后,开始组织主要的永久性建筑的设计竞赛。任务书要求建筑必须表现大胆而且宏大的形式，评审委员会预期形成伟大的罗马式建筑风格。当时参赛的著名建筑师卢多维科·瓜罗尼(Ludovico Guaroni,1911—1986)指出，传统的古典主义通识教育对建筑师产生了极为深厚的影响。帕加诺甚至宣扬："现代主义者也能以历史来建造。"

赢得博览会意大利馆劳动文明大厦（Palazzo della Civilità del Lavoro, 1937—1940）设计竞赛的是建筑师埃内斯托·布鲁诺·拉帕杜拉（Ernesto Bruno La Padula, 1902—1969），他以理性的方式将罗马大斗兽场进行方块体的变奏，这是一座6层建筑，建筑面积为12 000平方米。外观为层层叠叠的古罗马拱廊，拱廊上摆放了6尊雕像，前面有150级台阶。建筑正立面和背立面顶部的铭文是："一个拥有诗人、艺术家、英雄、圣人、思想家、科学家和航海家的民族。"人们为这座建筑起了个外号："方形竞技场"，建筑的形式十分简洁，然而庞大的体量与空间的张力使建筑具有独特的魅力（见图4-22）。拉帕杜拉曾设计过1939年纽约世博会的意大利馆。

图4-22(上图)
意大利劳动文明大厦

图4-23(下图)
利贝拉设计的会议宫

评委认为意大利建筑师阿达贝尔托·利贝拉（Adalberto Libera, 1903—1963）设计的会议宫（Palazzo dei Ricevimenti e dei Congressi, 1937—1954）的设计精巧地满足了设计任务的要求，建筑师在理解历史原型的抽象和创新的价值，并在现代建筑上的应用方面，表现出无与伦比的才华。入口宽大的台阶上有14根巨大的灰白色花岗岩柱子，在一片炫目的雪白大理石背景上竖立起这座白色的会议宫。上部是一个扁平的圆顶，实墙面上有一块凸出的三角形楔石，原设计打算承托意大利雕塑家弗朗西斯科·梅萨（Francesco Messa）雕塑驷马双轮战车，但是这件雕塑始终没有完成，楔石依然光秃秃地留在墙面上。底层柱廊后面是一座超现代的会议大厅，建筑的室内十分纯净，光线充足，具有古典主义建筑的比例和秩序。会议宫是现代性与传统的完美结合，人们常常把它与罗马的万神殿相提并论，利贝拉自述他的设计受到早期基督教巴西利卡式教堂的启示（见图4-23）。利贝拉曾经设计过1933年芝加哥世博会的意大利馆。

会议宫和劳动文明大厦位于城市轴线的两端，成为新理性主义的代表作。利贝拉是意大利理性主义建筑师，他在1927年参加理性主义

图4-24
圣彼得和圣保罗教堂

7人集团，他最著名的作品是位于卡普里岛上的马拉巴尔代别墅(1938)。

圆顶教堂与一座从埃及掠夺来的方尖碑位于新罗马的次轴线上，圣彼得和圣保罗教堂(Chiesa dei SS.Pietro e Paolo)由阿纳尔多·福斯基尼(Arnaldo Foschini)设计，利贝拉也曾提交了一个现代的方案，但没有被采纳。教堂完全是新古典主义风格(见图4-24)。意大利现代主义建筑师集团BBPR设计的邮政局是新罗马最现代的建筑，然而却是这个建筑师集团最具古典风格的作品。

新罗马的规划、设计和建设引发了关于传统与现代风格的关系问题的论争，帕加诺就曾质疑如何使现代性与传统妥协而又不失彼此自身的价值。BBPR集团中的"R"代表意大利理想主义建筑的创始人埃内斯托·内森·罗杰斯(Ernesto Nathan Rogers，1906—1969)，他精练地评价了新罗马："向大众展示了意大利文明神奇的延续性、普适性和现实性。"意大利建筑师和设计师吉奥·蓬蒂(Gio Ponti，1891—1979)把新罗马描述为："这是一次建筑的升华，它以一种抒情而又抽象的方式将古典的形式予以变奏。”而博览会的总监契尼，他虽然不是建筑师，却高度评价新罗马的功能：“她的屹立无愧于所伴随的古代城市，这座城市以其更严谨和更强有力的建筑超越古代的城市，她能够容纳今天和明天的多元而又充满动态的生活。”①

帕加诺是一位极有天赋的意大利现代主义建筑师，也是具有独立思想的辩论家，曾参与设计了 1937 年巴黎世博会的意大利馆。原先是一名忠诚的法西斯主义者，他参与了 E’42 的早期规划，并为 E’42 设计了一个巨大的椭圆拱门，作为新罗马的标志，但最终没有建成。而芬兰裔美国建筑师埃罗·沙里宁从中得到灵感，1948 年设计了著名的圣路易斯大拱门，沙里宁并没有因为这个形式背后可能存在的法西斯含意而感到困扰。帕加诺曾经公开指责工程负责人皮亚琴蒂尼，并与其决裂。后来在第二次世界大战中，他丧失了对法西斯主义的信仰，脱离法西斯党，加入游击队，不幸被捕，二战结束前死在法西斯的集中营里。

三、世博建筑在塞维利亚

早在 1976 年，西班牙国王胡安·卡洛斯一世就萌发了举办一届世界博览会来庆祝发现美洲大陆 500 周年，树立西班牙的国际化和现代化的形象和文化变革。1982 年，西班牙政府向巴黎的国际展览局呈交了在塞维利亚举办世界博览会的申请，其主题是“新世界的诞生（El nacimiento de un Nuevo Mundo）”。这一申请被批准，三年后成立了1992 年塞维利亚世博会组委会。场址位于瓜达几维亚河的两条河道所围合的卡图哈（La Cartuja）岛，占地大约 215 公顷。这是一个具有象征意义的选择，奎瓦斯圣母马利亚修道院（Santa María de las Cuevas）就坐落在岛上，克里斯托弗·哥伦布（Christopher Columbus，1451—1506）在 1492 年远航美洲之前，曾经住在这座修道院内。而靠近城市中心的用地也意味着城市将得到必然的扩展。

---

① 转引自 Terry Kirk. *The Architecture of Modern Italy. Volume 2. Vision of Utopia, 1900—present*. Princeton Architectural Press. New York. 2005.136。

图4-25
塞维利亚1992年世博会全景

1992年4月21日，国王胡安·卡洛斯一世正式宣布纪念发现美洲大陆500周年塞维利亚世博会（L'Ere des découvertes Célébration du 500è anniversaire de la découverte de l'Amérique par Christophe Colomb)开幕，博览会于10月12日闭幕，108个国家参展。博览会的建筑标志是一个位于棕榈大道的100米直径的巨大的球体，博览会举行了176天，并取得了完满的成功。尽管最初预计会有60个国家参加，最后的实际数目达到了111个，34个美洲国家、30个欧洲国家、20个非洲国家、18个亚洲国家、6个大洋洲国家参展，此外还有23个世界知名组织和一些最具实力的跨国公司参展。4 181万人次参观了这届博览会，大大超出主办者的预计(见图4-25)。

1992年塞维利亚世博会最初的雄心勃勃的计划是沿瓜达几维亚河的两岸布置博览会园区，后来才改为更实际的在河的右岸集中设置的方案。1986年举办了世博会场址及其后续使用规划的国际设计竞赛。包括西班牙建筑师何塞·奥里奥尔·伯伊加斯–瓜迪奥拉(José Oriol Bohigas i Guardiola，1925—)、卢森堡建筑师罗伯·克里尔（Rob Krier，1938—)、西班牙建筑师拉斐尔·莫尼奥和葡萄牙建筑师阿尔瓦罗·西萨(Álvaro Siza，1933—)在内的20位卓有声誉的国际建筑师参加了竞赛。意大利建筑师维托里奥·格里戈蒂事务所的方案获得二等奖，而一等奖被两个西班牙事务所同时获得：埃米利奥·安巴兹（Emilio Ambasz)和何塞·安东尼奥·费尔南德斯·奥多涅斯(José Antonio Fernández Ordóñez)，以及赫罗尼莫·洪格拉(Jerónimo Junguera)和埃斯塔尼斯劳·

佩雷斯·皮塔(Estanislao Pérez Pita)。安巴兹采用了景观化的建筑设计,他利用水作为解释西班牙与新世界联系的标志。他将瓜达几维亚河沿岸的展览场馆围绕三条人工河布置,并将世博会场馆区域诠释为威尼斯的建筑化,在举办博览会之后可以开发为一个大型的公园。相反的,费尔南德斯·奥多涅斯和他的同事将展览场馆布置在长方形的街道网格内。

塞维利亚议会认为这两个设计都过于理想主义，担心在实施的时候会导致建设费用大量超支,于是委托胡利奥·卡诺·拉索(Julio Cano Lasso)设计一个新的可实施的方案,以综合两个方案的优点。新修改的方案放弃了安巴兹的公园景观,使建筑的布局更为分散。将费尔南德斯·奥多涅斯的网格加以拓宽,并延伸到了瓜达几维亚河的一个人工湖和运河中,使园区更加靠近塞维利亚老城,多多少少与格里戈蒂的设计理念相似。南北轴线由屋顶绿化、凉棚和精心设计的水景观系统构成,而五条宽阔的大道组成了东西方向的交通框架,顺着河岸布置成了一片公园。

1987年,市议会批准了整个城市的总体规划,其中包括世博会区域的规划。这个规划还构想了对塞维利亚城区的铁路和公路网的更新和扩建计划，以减少穿越交通,同时废除了将城市划为两半的铁路线。两个老的火车站因此失去了作用,被克鲁兹和奥尔蒂斯事务所(Cruz & Ortiz)设计的圣胡斯塔火车站所替代,并于1991年开始运营。这个极度表现主义的交通建筑同样标志了马德里和塞维利亚之间的AVE高速铁路的建成使用。克鲁兹和奥尔蒂斯事务所曾经设计过马德里体育场(1989—1994）和2000年汉诺威世博会的西班牙馆。冈萨罗·迪亚兹·雷卡森斯(Gonsalo Díaz Recasens)和曼努埃尔·费尔南德斯·德·卡斯特罗(Manuel Fernández de Castro)利用废弃的铁路线建造了优美的托内奥大道(Avenida Torneo),它穿越卡图哈岛,为塞维利亚提供了一个由瓜达几维亚河进入城区的出入口。一条几公里长的带有绿化平台的宏伟大道出现在瓜达几维亚河畔。在阿尔马斯广场的老火车站被改造为一个购物中心，阿尔马斯广场也由安东尼奥·冈萨雷斯·科尔东(Antonio González Cordón)和维克多·佩雷斯·埃斯克拉诺(Víctor Pérez Escolano)重新设计，同时建设的还有广场边的一座旅馆和一座办公大楼。其他的城市广场也得到了更新,在世博会场址的对岸则兴建了马埃斯特兰萨剧院,大量的高速公路投入建设。1991年夏季,莫尼奥设计的圣帕布罗新机场航站楼投入使用,新机场的航空交通承载能力是原来的四倍。

为了加强安达卢西亚地区和西班牙中部地区的联系，促进南部经济的发展和改善塞维利亚世博会的交通，西班牙的社会党政府在马德里和塞维利亚之间建设了一条高速铁路。这个项目需要一个新的火车站来代替马德里的老的奥托哈火车站，而在塞维利亚则建造了一个全新的圣胡斯塔火车站。奥托哈火车站的设计师是西班牙著名建筑师拉斐尔·莫尼奥，圣胡斯塔火车站的建筑师是克鲁兹和奥尔蒂斯事务所，他们都把火车站的形象定义为进入城市的大门，就像19世纪的那些大城市的火车站一样，而不同于在非西班牙城市所采用的地下或者高科技的建造手法。

奥托哈火车站不只是一个火车站，而是一个交通换乘中心，它连接着一个地区性通勤火车线路的终点站以及一个公共汽车站。老的车场被改造成一个大型的绿化温室，并把新建的火车站和马德里中心城区隔离开来。为了标识火车站的位置，火车站的主入口设置了两个标志性的体量：一个鼓形的通勤火车站出入厅和一个钟塔。钟塔位于和老的火车站相连的下沉广场的一角。主线火车站站台大厅内，每个混凝土柱都支撑着一个四方形的金属顶盖，自然光可以通过这些顶盖之间空隙透射进大厅。地下通勤火车站唯一外露的部分是覆盖着停车场的穹窿形顶篷，同样呈网格状布局（见图4–26）。

图4–26
马德里奥托哈
火车站

图4-27
塞维利亚圣胡斯塔火车站

尽管只是一个中途站，圣胡斯塔火车站仍然是按照终端站的规模进行设计的，以求给塞维利亚缺乏开发的中心城区一个新的城市形象。宏大的中央候车厅横跨在站台的一端，与站台间通过自动扶梯相连，铁路轨道在它的下方进入塞维利亚城区的隧道。被抛物线形的拱顶覆盖的站台、平顶的候车大厅和两者之间带斜顶的过渡厅的空间处理都有所不同，强调不同的方向，采用不同的采光模式。总体而言，这个建筑具有静态的纪念性，并通过弧线形的立面、出挑的雨篷、倾斜的山墙和下坠的弧形吊顶暗示了建筑的动态属性（见图4-27）。

为了使世博会场址与中心城区的联系更加紧密，同时使瓜达几维亚河重新成为中心城区的重要元素，塞维利亚市政府在瓜达几维亚河上修建了七座桥梁。其中最优美的一座是路易斯·比纽埃拉（Luis Viñuela）和弗里茨·莱恩哈特（Fritz Leonhardt）设计的不对称的箱形桁架桥，而最特别的一座是西班牙建筑师、工程师卡拉特拉瓦设计的阿拉米约大桥，它很快就成为整个塞维利亚世博会的标志。

塞维利亚世博会上，一些国家的展厅展示了与众不同的建筑理念，得到参观者的高度评价。此外，三座永久性建筑也受到了广泛的赞誉：由赫拉尔多·阿亚拉（Gerardo Ayala）设计的中心剧院，它具有极度锐利的设计语言和超大的尺度；由年事已高的建筑大师佛朗西斯科·

哈维尔·萨恩斯·德奥伊萨(Francisco Javier Sáenz de Oíza)设计的作为安达卢西亚议会中心的特里阿纳塔楼(la Torre Triana),它是对古罗马的哈德良陵墓的大胆诠释,并加入了路易·康的风格;由吉莱莫·巴斯克斯·孔苏埃格拉(Gillermo Vázquez Consuegra)设计的海洋馆(Pabellón de la Navigación),它带有一个统揽性的瞭望塔,在世博会以后被用作展览馆。这些建筑和清晰的城市规划结构,明确地表达了塞维利亚世博会的一个社会目标——成为城市扩张的推动力量,并为其提供基本的结构框架。

尽管 1992 年世博会希望把世博会园区作为城市的自然延伸,但是这一期望只得到了部分实现,一些建筑作为大学院系被重新利用,但这些建筑仍然被孤立在城市肌理和城市生活之外。世博会本身就是异国情调的不同价值取向的建筑集合,但是塞维利亚也确实需要新的城市基础设施,比如阿拉米约大桥的流线造型已经成为城市的重要标志。一些历史建筑也得到了修复,例如哥伦布曾经居住过的修道院,由孔苏埃格拉主持设计。塞维利亚夏季的气候十分炎热,利用了一些当地的传统技术来降温,大部分的建筑物都有带喷泉的中庭,又有水流沿建筑周围的铁链流淌下来。有些建筑物中庭的屋顶可以开启,以适应干热气温的变化。

塞维利亚世博会上展出了室外空调装置、柏林墙的碎片等。自从20 世纪 60 年代开始,世博会已不再追求所谓的英雄主义建筑,不再用个别建筑来表现世博会的伟大,而是表现不同的理念,塞维利亚世博会就展示了许多生态和环境保护的理念。这届世博会不那么具有标志性的标志建筑是胡利奥·卡诺·拉索设计的西班牙馆,孔苏埃格拉设计的海洋馆和瞭望塔,日本建筑师安藤忠雄设计的日本馆,英国建筑师尼古拉斯·格里姆肖设计的英国馆,法国建筑师让-保罗·维基尔设计的法国馆。

由胡利奥·卡诺·拉索设计的西班牙馆借鉴了西班牙格拉纳达的艾勒汉卜拉宫的庭院、高耸的建筑体量和室内设计,而白色的墙面则是塞维利亚地域建筑的表现(见图 4-28)。西班牙馆位于欧洲地区馆的中轴线上,位置十分优越,前面就是世博湖,使建筑的全貌得以展示出来(见图 4-29)。

孔苏埃格拉设计的海洋馆和瞭望塔(Navigation Pavilion and Tower)位于瓜达几维亚河畔(见图 4-30),是博览会离城市最近的位置,展馆的形式极富表现力,成为

图4-28(上左)
拉索设计的西班牙馆

图4-29(上右)
西班牙馆和世博湖

图4-30(下图)
孔苏埃格拉设计的海洋馆和瞭望塔

塞维利亚世博会的标志。从瓜达几维亚河对岸观看海洋馆和瞭望塔的话，会发现在理念上与塞维利亚大教堂有相似的地方。海洋馆立面上凸出的5个垂直状的玻璃墩子仿佛是教堂的飞扶壁，瞭望塔则令人联想起大教堂的希拉尔达塔。当然，海洋馆和瞭望塔更为现代，尺度相对较小。走进室内会体会到各种材料的完美结合，钢、混凝土、玻璃和木材处理的整体性。弯曲的金属板构成了建筑立面的主体造型，分开布置的玻璃盒子是为了透视的效果，使建筑融入环境。展览大厅采用跨度达40米的曲线形巨大的木梁，局部有一层中间平台，放置船模。海洋馆的东端是一个门廊，通过门廊经过一个大台阶可以下到展馆北侧的河畔平台和瞭望塔。瞭望塔由两部分组成，东侧是轻巧的金属结构制造的电梯塔，西侧是大片白色的塔楼，里面是管道和疏散楼梯。

日本建筑师安藤忠雄设计的日本馆（Japanese Pavilion，1989—

图4-31(上左)
安藤忠雄设计的日本馆

图4-32(上右)
格里姆肖设计的英国馆

1992)长 60 米,宽 40 米,高 25 米,是世界上最大的木结构之一(见图4-31)。建筑在地面上有四层,由胶合木梁柱体系支承。屋顶是半透明的特氟龙张拉膜结构,建筑的正面和北面都是条状木板做成的弧面外墙。日本馆旨在向世人展示日本传统的美学思想和建筑技术,安藤在设计中强调了材料本质的现代运用,如不施油漆的木结构和白粉墙等。正面有一座 11 米高的太鼓桥直通顶楼,参观流线也从上到下,太鼓桥是一座古代象征世界交流的桥梁,建筑师在这里的应用显然隐喻着东西方的交流。入口处是一个巨大的洞口,两组四根层压木制的柱子支撑着大型仿斗拱式的十分复杂的木构架梁体系,光线可以透过上部的特氟隆屋面进入展馆。建筑的外立面采用搭接式木墙板,按照日本传统的建造方式呈曲面形。

1992 年塞维利亚世博会英国馆是这届博览会最令人们振奋的建筑,在气候控制和节能环保方面的探索值得推崇。英国馆由英国建筑师尼古拉斯·格里姆肖(Nicholas Grimshaw, 1939—)设计,格里姆肖把他设计的英国馆称为"水的教堂"和"涌出瀑布的盒子",通过使用现代的材料和现场组装的构件来表现时代性(见图4-32)。英国馆描述的英国精神是:严肃的、实用主义的和保持 19 世纪以来鲜明的工业传统的形象。由于塞维利亚在夏季的气温很高,往往超过 45℃。英国馆的设计不同于通常干热地区的传统建筑用厚重的墙体隔热的方法,而是采用轻质结构。使用了三种不同形式的围护,东墙是一面高 18 米,长

65 米的瀑布墙，水流从精确控制喷射形状的喷嘴中喷出，沿抛光的钢板表面流入下面的水池，通过水的循环往返把外墙上的热量带走，达到降温的目的，同时也有效地阻止了阳光对室内温度的影响。英国馆在白天利用东墙的反光来为室内提供采光，夜晚则考虑瀑布墙的照明效果。

西墙受太阳辐射较强，为此，建筑师采用了由装满水的船用集装箱充当的高蓄热材料作墙体，以吸收热量作为建筑的补充能量来源。在南、北墙上采用了外张拉结构，挂上了白色聚乙烯织物作遮阳之用，弯曲的桅杆上片片织物犹如白帆，使建筑充满了诗意，又与航海有深层次的联想，充满了轻盈的律动感。实际上，英国馆就是用建造游艇的技术建造的，而片片白帆上整合了太阳能光电板，这座展馆虽然采用了看起来消耗能量的水帘以及大面积的玻璃墙面，但实际耗能仅为同类建筑的四分之一。英国馆的成功表明，高科技的理想与生态要求相结合的建筑同样可以有美观的外表，细部也十分精美（见图 4-33）。整座建筑除了混凝土基础和底层的地面外，其他构件都可以拆卸运走。建筑师在设计时，参照了工业建筑的模数体系，在博览会结束后，将展

图4-33
英国馆建筑细部

馆拆卸运回英国，重新组装成一个生产车间。

法国建筑师让-保罗·维基尔（Jean-Paul Viguier，1946—）设计的法国馆，构思十分独特，可以说是绝无仅有的展馆。在展馆中部通常布置主要展品和建筑核心的地方，维基尔创造了一个真正空的空间，设计了一个1 000平方米的开敞式广场，里面有一个长25米、宽21米、深17米的“映像井”，“映像井”是一块500平方米的大屏幕。地面上只有一座狭长的镜面建筑，屋盖是一片漂浮在15米高空的面积为50米×55米、几乎看不见的重500吨的蓝色聚酯纤维板，支承在四根空心的不锈钢柱子上。以不存在表示存在，是这座建筑的特征（见图4-34）。

意大利馆由著名的意大利女建筑师加埃·奥伦蒂和皮耶路易吉·斯帕多利尼（Pierluigi Spadolini，1922—）、马尔科·布福尼（Marco Buffoni）等设计。展馆外围是高墙，隐喻意大利城市的城墙，同时又像塞维利亚的阿拉伯建筑的高墙。建筑的平面尺寸为90米×50米，平面十分紧凑，底层有柱廊与周围环境形成过渡。建筑的两端各有一个瀑布，使室内感觉凉爽，建筑的四个转角顶部都有天窗，让参观者可以看见外面的天空（见图4-35）。

匈牙利馆在这届博览会上独树一帜，在20世纪70年代早期，由匈牙利建筑师哲尔吉·切泰（György Csete，1937—）领导的佩奇集团（Pécs Group），试图重新创造一种本国的建筑。受到匈牙利作曲家、钢

图4-34(下左)
维基尔设计的法国馆

图4-35(下右)
奥伦蒂等设计的意大利馆

图4-36
毛科维茨设计的匈牙利馆

琴家、民族音乐学家和教师贝洛·巴尔托克(Béla Bartók,1881—1945)和卡罗伊·科什的启发,他们称自己是"有机"的建筑。1984年,由伊姆雷·毛科维茨(Imre Makovecz,1935—)设计的花树状的沙罗什保陶克文化中心像大多数他设计的众多其他作品那样,获得了国际性的认可。在毛科维茨最著名的作品中,有传统的希奥佛克路德宗教会教堂(1986—1989)和幽暗难以名状的帕克斯罗马天主教堂(1989)。他设计的1992年塞维利亚世界博览会匈牙利馆,以7座尖塔阐释山村的钟塔,从橡树的根、枝获得灵感的内部构成,扩展了原有的有机语汇。这个馆的设计,在国际上确立了他作为匈牙利新有机建筑运动领导者的地位(见图4-36)。

芬兰在历届世博会均有非凡的表现,塞维利亚世博会的芬兰馆由一群称为MONARK的年轻建筑师所设计,他们是尤哈·耶斯凯莱伊宁(Juha Jääskeläinen)、尤哈·卡科(Juha Kaakko)、彼得里·罗希艾宁(Petri Rouhiainen)、马蒂·萨纳克塞纳霍(Matti Sanaksenaho)和亚里·蒂尔科宁(Jari Tirkkonen)。芬兰馆由一座金属饰面的板式建筑和一座木饰面的曲线形建筑组成,中间有一个间隙,有一座天桥连接两边的建筑,两

图4-37(上左)
芬兰馆

图4-38(上右)
谭秉荣设计的加拿大馆

个不同的体量和表面处理形成强烈的对比。简洁的体量中浓缩了许多理念，长方形的钢饰面的建筑象征着“机器”，而木质表面的建筑象征“船”，两座建筑内部的空间都用作展示，让参观的人流可以穿过一系列的展览空间。建筑之间的缝隙犹如一道沟壑，像芬兰神话中的通向地底的井道。工业化的材料和自然的材料之间的对比来自芬兰文化中机械化与自然风景的对话，同时也令人回想起以往世博会上的芬兰馆（见图4-37）。

塞维利亚世博会的加拿大馆由加拿大著名的华裔建筑师谭秉荣（Bing Thom）设计，1986 年他设计的加拿大温哥华世博会的西北地区馆，获得加拿大木业协会奖和加拿大旅行与旅游奖。他也在温哥华博览会香港馆的设计竞赛中获胜。2004 年，他曾应邀参加上海世博会世博园区总体规划国际设计竞赛。谭秉荣设计的出发点就是这届博览会的主题：发现，以加拿大的方式设计一幢西班牙建筑（见图 4-38）。建筑师认为西班牙建筑的特点是隔绝室外热浪的墙体、有水井的内院、丰富的室内表面的肌理以及为室内空间增色的像珠宝一样的淙淙泉水和宁静地映照环境的水池。谭秉荣在展馆的东侧和北侧布置了柱廊，展馆中心设置了内院、水池、展厅、圆形剧场和全景电影院，在辅助空间内布置了餐厅、办公室、礼品部等。将全景电影院架空，围合形成底层的内院和圆形剧场，以坡道连接各个楼层，敞开式的墙面和屋顶产生良好的自然通风效果。主楼的外立面上有着镌刻的肌理，在全息光栅外墙上每平方英寸的铝板表面刻上数千根线条，在阳光下反射出各种色彩，犹如加拿大的北极光和冬季壁炉的火焰般闪耀着光芒。钛合金当作西班牙的瓷砖贴面，每一片钛合金都反射出不同的光泽，使整个墙面一直在变换色彩。墙面处理成雪堆般的浮雕，在白天和夜晚的光线下变幻无穷(见图 4–39)。

西班牙建筑师、工程师、城市规划师圣地亚哥·卡拉特拉瓦为塞维利亚世博会设计了两座桥，两桥相距 1.5 公里。最受赞扬的是阿拉米约大桥(Alamillo Bridge)，这座桥成为塞维利亚现代化的象征。这是一座由 142 米高的斜塔支撑的斜拉索桥，跨度达 200 米，用 13 对钢索拉住桥梁。斜塔呈 58°倾斜角，这个倾角源自古埃及的胡夫金字塔。桥面中间高出两边机动车道设置了步行桥，步行者在过桥时有很好的视野。阿拉米约大桥的构思来自卡拉特拉瓦在1985 年创作的旋转的大理石立方体雕塑，表现力的精巧平衡(见图 4–40)。

图4–39(下左)
加拿大馆立面细部

图4–40(下右)
卡拉特拉瓦的雕塑《跑动的躯干》

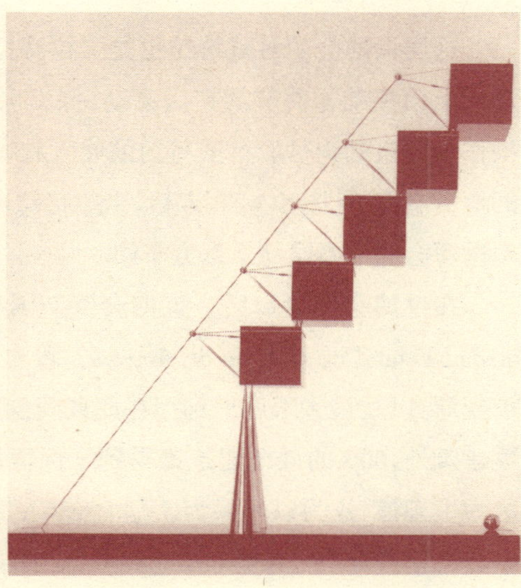

图4–41(上左)
卡拉特拉瓦设计的
阿拉米约大桥

图4–42(上右)
卡拉特拉瓦设计的
科威特馆

卡拉特拉瓦作为建筑师的声誉首先是因为他所设计的许多精美绝伦的桥梁，他对力和美的敏锐感觉和把握。卡拉特拉瓦多年来学习艺术、建筑、土木工程、城市规划以及机械技术，所以，在他的作品中，将各个领域的知识融会贯通，创造出了融技术和艺术为一体的作品。卡拉特拉瓦曾经将桥梁与莫扎特的交响乐相比，他说，当合奏交响乐中的独奏乐器演奏时，就有着与他设计的桥梁具有同样惊人的效果。阿拉米约大桥那倾斜的桥塔产生一种特殊的力度感，十分像一把巨大的竖琴(见图 4–41)。

这届世博会的科威特馆也是卡拉特拉瓦的作品，他在科威特馆的设计上模拟动物关节的自由运动，探索可以开启的屋面结构，以木结构作为开启的构件。科威特馆的展区和咖啡厅隐藏在地下，位于拱形的地下室内(见图 4–42)。以后，卡拉特拉瓦又为 1998 年的葡萄牙里斯本世博会的举办设计了东方车站。

在世博会闭幕以后，世博会资产国家管理公司 AGESA（la Sociedad Estatal de Gestión de Activos）致力于推行世博会期间建立的城市规划，以及最大限度地利用在此期间创造的城市形象。除三座永久性建筑外，60%的展馆建筑都得到了保留和再利用。匈牙利馆就被改造为生态馆，成为以环保为主题的交互式博物馆。摩洛哥馆被用作地中海文化基金会（la Fundación de los Tres Culturas del Mediterráneo）。

最大的展馆是面积为 30 000 平方米的美洲馆（Pabellón Plaza de América），在博览会期间代表了美洲的 16 个国家，其后被用作工程学院，后来又加入了天文工程学院和媒体科学学院。代表非洲 15 个国家的非洲馆（Pabellón Plaza de África）现在是安达卢西亚企业家协会总部。安达卢西亚的硅谷：卡图哈 93 科技园办公楼就利用了原来意大利馆的建筑。由于世博会场址临近城市，并且有便利的交通联系，这些改建和再利用项目都相当成功。1997 年，又在原来的西班牙馆旁边增添了一个旅游休闲项目：魔法岛游乐园。

通过 1992 年世博会，塞维利亚不仅成功地组织了一届万众瞩目的包容多国风情的建筑盛会，而且成功地借助大量的基础设施建设进行了城市更新。

四、世博会与热那亚港

意大利的港口城市热那亚（见图 4-43）是哥伦布的出生地，与塞维利亚世博会同时，热那亚于 1992 年 5 月 15 日至 8 月 15 日举办了以“克里斯多夫·哥伦布：船舶与海洋”（Cristoforo Colombo: la nave e il

图4-43 热那亚港全景

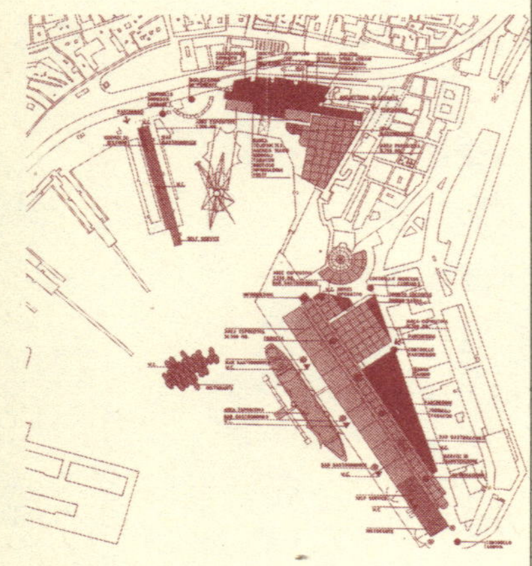

图4-44(上图)
热那亚港口改造规划

图4-45(下图)
热那亚港

mare)为主题的专题世博会,54个国家参展,169万人参观。

热那亚举办这届世博会旨在促进城市的发展，其目标是重新整合城市以及具有历史意义的港口地区，推动海上旅游和文化旅游业。热那亚世博会占地仅5公顷。意大利著名建筑师伦佐·比阿诺负责整个地区的规划,范围从码头区到斯皮诺拉桥。他提出了绝大多数展馆都要恢复其历史原貌的设想,这些设想得到了实现。伦佐·比阿诺曾经在20世纪70年代初与英国建筑师理查德·罗杰斯一起设计了巴黎蓬皮杜中心(1971—1977),比阿诺于1998年获普里兹克建筑奖。

热那亚为筹备这届世博会，自20世纪80年代中开始,就对港口地区实施全面的改造和再生计划(见图4-44),目的是建设一个“都市港口花园”,在功能和形态方面使历史城市与海洋连成一个整体。热那亚的港口就位于城市中心,过去,尽管城市就在海边,但是由于港口的阻隔,大海对于城市来说可望而不可及。自20世纪80年代中期以来,港口区逐渐转变为港口公园,原有的港口建筑,仓库、工厂等经过改造之后,向公众开放。开发公共场所和设施,增建电影院、博物馆、水族馆等休闲设施,港口区成为城市生活的核心，将古老的城市与海洋重新联结在一起。修复了许多历史建筑,以往被掩饰的历史面貌和遗迹重新进入人们的视野，使整个城市发生了根本性的变化,甚至改变了热那亚的生活方式(见图4-45)。

这届世博会最突出的建筑是伦佐·比阿诺对热那亚港口展区的整治,比阿诺是热那亚人,他的事务所就设在热那亚市中心的圣马太广场上。他从1984年起就为博览会进行规划（见图4-46)。他设计的“大吊车”(Grande

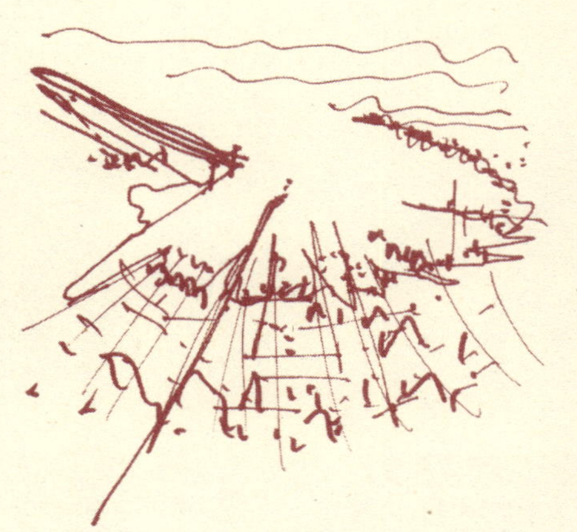

图4-46(上左)
伦佐·比阿诺的规划构思草图

图4-47(上右)
比阿诺设计的展览馆

Bigo，1984—1992）是热那亚世博会的标志，无论在形式上或是细部处理上都产生了震撼力。这是一座用七片张拉膜与钢结构建造的敞开式建筑，帐篷屋面受德国建筑师弗赖·奥托的影响。一根大吊杆悬挂着一个观光缆车，可以将参观者提升到空中观赏整个港区。“大吊车”的名字源于港口的单臂起吊装置，今天仍有一台旧吊车留在海边的码头区，其实这台吊车的尺度太小，并不起眼，几乎就没有进入人们的眼帘。热那亚举办世博会旨在促进城市的发展，其目标是重新组合城市以及具有历史意义的港口。伦佐·比阿诺提出了绝大多数展馆都要恢复其历史原貌的设想，这些设想都得到了认真的执行和风格各异的再现（见图 4–47）。

世博会位于热那亚的港区，从管理和参观的角度出发，整个园区用红色、天蓝色、绿色、橙色四种颜色标示不同的区域，红色标示核心区“大吊车”区，天蓝色标示北部原保税区，绿色表示西部的斯皮诺拉桥地区，橙色标示南部的原棉花仓库区。规划容量为日常的参观人数 1.5 万人，周末人数为 6~10 万人。

规划使博览会具备最佳的展览功能，以满足 1992 年博览会的需要，也考虑博览会后容纳各种专业展览的需要。根据以往的经验，设计新建 8 万平方米的展览面积，2 万平方米的辅助设施面积。同时，利用

图4–48(上左)
比阿诺的展览馆与水族馆综合楼

图4–49(上右)
漂浮的意大利馆

图4–50(下左)
会议中心

图4–51(下右)
未来的港口发展计划

向南面的大海延伸390米的旧棉花仓库，规划了3.2万平方米的展馆，以及1.5万平方米的辅助设施。在港区建造了意大利馆、水族馆、会议中心和其他展馆(见图4–48)。意大利馆位于水族馆向海中延伸的码头旁，仿佛一艘漂浮在海上的轮船(见图4–49)。会议中心有两个观众厅，在需要时可以打通，变成一个会议厅(见图4–50)。

这届世博会后，热那亚市指定老港事务局负责港口开辟成新的都市地区，规定的目标是将古老的港口回归城市，使整个港区在全年都充满活力，推动文化活动、发展会展事业，为公共活动提供新的设施；使整个地区成为国内和国际活动的中心；并大力发展旅游业。在10年间，城市投入了5 500万欧元，举办了1 400场各种文化活动，吸引了500万游客。1993年，老港开发公司着手新的开发，建设酒店、住宅、办公楼、商业服务设施等，规划了1万平方米的公共空间(见图4–51)。

五、里斯本的世博建筑

为纪念瓦斯科·达·伽马绕好望角的印度航行500周年，葡萄牙首都里斯本1998年举办了以“海洋——未来的财富”(The Oceans, a Heritage for the Future)为主题的世博会，在葡萄牙的推动下，联合国宣布1998年为“国际海洋年”。这届世博会几乎所有的展馆都提到了全球环境问题。博览会用地原是该城市东部一处废弃的石油储油罐旧仓库区、炼油厂、屠宰场和垃圾焚烧场，这个地区曾经被看作是里斯本的耻辱。里斯本世博会占地330公顷，1998年5月22日开幕，9月30日闭幕，155个国家参展，吸引了1 012万参观者(见图4-52)。

图4-52
1998年葡萄牙世博会全景

里斯本在很早以前，城市功能已经达到极限，世博会带来了建设新城市的绝佳机遇。为了使这一地区得以再生，葡萄牙政府决定联合地方政府利用世界博览会的契机进行整体改造，因此得名“博览会城”(EXPO URBE)，总面积达340公顷，是当前欧洲最大的再开发项目之一。整个场地位于塔古斯河的河口，一座13公里长的瓦斯科·达·伽马大桥把世博园区与城市以及葡萄牙国土的南部地区连接起来。世博会的场址宽600米,一条长达5公里的海岸线面对名为斯特罗海的泻湖,距西面的机场仅3公里,规划体现了城市向西发展的理念。

从1994年筹备到博览会开幕,政府一共投入了约17.5亿美元,对整个地区的道路桥梁等交通系统及市政设施进行了改造,而博览会区是其中首先开发的部分,约70公顷,该计划预计在2009年完成,届时“博览会城”的各类建筑规模将逾185万平方米。建设项目包括住宅、购物中心、旅馆、学校、医院、文化和休闲设施以及企业总部办公楼等。预计到2020年可以容纳25 000居民,提供18 000个工作岗位,北面设计了一个面积达80公顷的加西亚·德奥尔塔公园。

由于博览会场馆与城市区域发展统筹规划，展区的永久性交通市政设施和主要公共设施都能为将来所用,包括餐厅、售货亭和两座大型展馆。由建筑师安东尼奥·巴雷罗斯·费雷拉(António Barreiros Ferreira)和阿尔贝托·弗兰萨·多里亚(Alberto França Dória)设计的北区联合展馆在世博会后将用作永久性的展览中心。先期开发的博览会区与未来发展区,在空间结构和尺度,以及景观设计,包括道路照明对历史景观元素的挖掘等方面都具有相当的统一性和延续性。园区的交通十分方便,参观者可以坐火车、汽车和船到达园区的不同入口。面向东方车站的西大门也是商业中心。

根据主题类别的标准,里斯本世博会不允许建造国家馆,因此建造了四个1万平方米的大型展馆,此外,还有一个大展馆,集中了后续利用的项目和服务区。两个国际联合展馆,三个用于演出和展示的建筑,一座观光塔。因此,里斯本世博会的主要建筑就是葡萄牙馆、乌托邦馆、海洋知识馆、海洋馆和未来馆。

葡萄牙馆没有举行设计竞赛，而是直接委托葡萄牙最著名的建筑师阿尔瓦罗·西扎设计,由于周围建筑的不确定性,西扎在设计中以极简的手法突出表现纪念性和庆典性，以抽象的形式延续场所和环境的精神。建筑的立面处理十分简练,门廊的比例经过仔细推敲,具有古典式的庄重,同时又具有现代感。葡萄牙馆靠近码头,正对着东方车站,位置十分重要,不对称的设计与沿码头修建的其他建筑形成了具有活力的联系。葡萄牙馆分为两部分,一个盖顶的礼仪广场,面积为3 900平方米,主体建筑14 000平方米,包括2 600平方米的展示区,11 200平方米的餐厅，以及一个接待区，另外还有 4 500 平方米的地下服务区（见图 4–53）。礼仪广场也是葡萄牙馆的入口，广场的尺寸为 65 米×50 米，高度为 10~13 米，一片 20 厘米厚的加强钢筋混凝土薄板用两个柱廊之间的粗钢缆悬挂起来。另一幢两层建筑物的平面尺寸为 70 米×90 米。

由美国 SOM 伦敦事务所和里斯本建筑师雷希诺·克鲁斯（Regino Cruz）设计的博览会乌托邦馆（Utopia Pavilion）是这届博览会体量最大的建筑，当时参加设计竞赛的还有日本建筑师矶崎新、英国建筑师诺尔曼·福斯特以及葡萄牙建筑师达·格拉萨等。这座为演出、会议和运动比赛建造的多功能中心无论从建筑学的角度或是从其象征意义来看，都具有重要的价值，人们将它与巴黎的埃菲尔铁塔和布鲁塞尔的原子塔相提并论。乌托邦馆是一个椭圆形建筑物，长 200 米，宽 120 米，举行演出时为 11 000 个座，最多时可以容纳 17 500 人，屋顶呈蘑菇状，由外围椭圆型台阶环绕，远看仿佛像一艘倒置的船体（见图 4–54）。外立面包锌板，垂直拼缝，使建筑立面带有光泽，又令人联想起 20 世纪 30 年代在这里登陆的水上飞机。乌托邦馆的东侧还附建了一个可容纳 2 500 座的辅助建筑，既可以单独使用，又可以与乌托邦馆合并使用。结构用瑞典进口的松木制作，共耗木材 5 600 立方米。这座建筑的中心横梁跨度长达 150 米，侧梁也有 114 米，这是世界上首次用木

图4–53(下左)
西扎设计的葡萄牙馆

图4–54(下右)
乌托邦馆

图4-55(上左)
乌托邦馆室内

图4-56(上右)
格拉萨设计的海洋知识馆

材建造的如此大跨度建筑，其内部足以容纳一个足球场(见图 4-55)。

海洋知识馆(Knowledge of the Seas Pavilion)位于码头区的西南角,与码头平行布置,外形犹如一艘漂浮在海上的巨轮的抽象表达,体积感尤为厚重(见图 4-56)。海洋知识馆的建筑师是若昂·路易斯·卡里略·达·格拉萨(João Luis Carrilho da Graça),海洋馆表现了欧几里得几何空间,一种抽象的垂直与水平体量的组合,水平的体块插入垂直体块中间，构成一个十字形的整体体量。海洋知识馆的中心是一座静谧的内院，用砂岩铺地,周边有坡道通向展馆上方,一道红色的矮墙界定了内院空间的领域感,同时又软化了建筑外观的体积感(见图 4-57)。垂直的塔楼用作大型展示,世博会后,海洋知识馆改作博物馆。

未来馆是一座大型的临时展馆，内容有展览和会议厅，位于东方车站的东部，展馆的西面是博览会的贵宾入口。未来馆的建筑师是葆拉·桑托斯(Paula Santos)、鲁伊·拉莫斯(Rui Ramos)和米格尔·格德斯(Miguel Guedes)。建筑师采用了传统的构图手法，不同的功能部分在形式上的处理各异，然后外面再包一层表皮，以产生统一的效果。在表皮和建筑实体之间布置了一系列的坡道，将参观者引入展馆中央用木材饰面的圆柱形大厅，光线从顶部射入大厅，大厅既是中庭，又是空间枢纽。

为举办 1998 年葡萄牙世博会，兴建了一些基础设施，其中最突出的是西班牙建筑师卡拉特拉瓦设计的东方车站(1993—1998)。东方车站是一个多功能的交通枢纽，正对博览会的西入口，位于城市的工业废弃地上，离南面的里斯本老城中心约 5 公里，靠近塔古斯河，车站建筑最壮观的部分是覆盖 8 条轨道的 78 米×238 米仿佛森林般的站台大厅(见图 4-58)。这种站台绿洲，60 榀树状的，类似哥特式的“四分肋拱”的柱子组成的“森林”就像地中海地区的露天市场，当地人称为“山边的白桦树林”。卡拉特拉瓦的设计不仅考虑满足世博会基础设施的功能，同时也成为城市更新的重要手段，为了不使城市与塔古斯河的关系割裂，卡拉特拉瓦将整个站台抬高 11 米，轨道下面的地面层设置了许多连接通道。整个车站还包括两座巨大的长 112 米、宽 11 米的玻

图4-57(下左)
海洋知识馆内院

图4-58(下右)
卡拉特拉瓦设计的东方车站站台

璃和钢结构的天棚，一个汽车站和停车场、地铁站以及售票大厅等，将火车与地铁、公交的换乘形成一个延续的整体(见图 4–59)。

图4–59
东方车站的公交站

第5章

世界经济复苏期的世博建筑

第二次世界大战摧毁了欧洲的许多城市，经过 10 多年的重建，欧洲才逐渐恢复元气，比利时的布鲁塞尔举办了 1958 年的世博会，这是战后第一个大型世界博览会。

长期以来，荷兰、比利时等国家也都举办过有声有色的世界博览会，比利时更是对世界博览会做出了许多贡献。早在 1883 年的 5 月 1 日至 10 月 31 日，荷兰的阿姆斯特丹就举办了国际殖民地博览会(Internationale Koloniale en Uitvoerhandelstebtoonstelling)。19 世纪下半叶的荷兰已经成为经济大国，主办者试图通过这届博览会使阿姆斯特丹跻身于伦敦、巴黎这样的大都市行列。这届博览会占地 22 公顷，28 个国家参展，140 万人参观了博览会(见图 5-1)。法国和比利时建筑师参

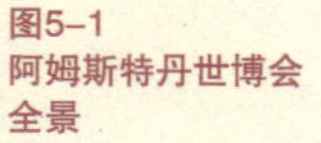

图5-1
阿姆斯特丹世博会全景

图5-2
1883年阿姆斯特丹世博会主展馆

与了展馆的设计，这届博览会首创的具有人类学意义的所谓“未开化”的海外殖民地仿真民俗村，成为以后多届世博会的保留节目，展示异国风情展的目的是表现西方文化的优越。

阿姆斯特丹世博会选择的场址位于城南的一块废弃地上，矩形平面的主展馆占地 304 米×120 米，面积约 6.5 万平方米，建造在一条河道之上。由法国建筑师保罗·富基奥(Paul Fouquiau)设计，正立面酷似舞台布景，而建筑的布局则仿伦敦水晶宫，50 米长的立面两端有两座高 25 米的塔楼，中间拉上篷布，仿佛东方的羊绒披肩，建筑的装饰母题受海外殖民地风格的影响(见图 5-2)。场址上还布置了皇家馆、博物馆、音乐馆、殖民地馆、机械馆等建筑，整个世博会场地上还有一座娱乐公园以及各种餐厅和商场。殖民地馆的摩尔风格的宣礼塔遭到人们的抨击，意大利式的荷兰皇家馆也备受争议。当年掀起了一场关于建筑风格的讨论，许多人主张表现建筑的“真实”，外观应当与内部的功能一致。园区的主入口，由彼得鲁斯·约瑟夫·许贝特斯·克伊珀斯(Petrus Joseph Hubertus Cuypers)设计的皇家博物馆(Rijiksmuseum)就是这种“诚实风格”建筑的代表，建筑的风格类似中世纪的市政厅。

比利时在 1885 年第一次举办了安特卫普世博会后，又相继举办了 1897 年布鲁塞尔世博会，1905 年在列日举办纪念比利时独立 75 周年世博会,1910年在布鲁塞尔,1913年在根特,1930年在安特卫普又各举办了一届世博会。安特卫普一共举办过三届世博会,1935年再度在布鲁塞尔举办了世博会,布鲁塞尔一共举办过五次世博会。这些博览会虽然在不同程度上取得了成功,但是都被相邻的更为壮观的博览会所掩盖,甚至被人们遗忘。在建筑历史上,比利时在20世纪举办的世博会,正处于建筑的转型期,虽然没有留下里程碑式的建筑,却预示了现代建筑的出现。

加拿大的蒙特利尔举办了1967年的世博会,这是世博会历史上最成功的博览会之一。20世纪60年代的加拿大处于经济的高速增长阶段,世博会的举办宣告了蒙特利尔已经成为国际大都市。为筹办世博会,整治了圣劳伦斯河和圣埃莱娜岛,改善了城市的交通和基础设施,地铁系统将城市中心与世博园区联系在一起。这届世博会为世界带来了尖端科技和结构创新,以色列裔加拿大建筑师摩西·萨夫迪设计的"人居67"居住社区是一种全新的建造方式,成为蒙特利尔世博会对世界建筑的重大贡献。

日本早在1871年就曾举办京都博览会,1872年又举办东京汤岛圣堂博览会,自1867年开始,多次参加世博会。1877年起,日本又定期举办国内劝业博览会,第二次世界大战后,又曾举办1947年福山产业振兴会。因此,日本在举办博览会方面,有丰富的经验。

1964年,日本成功地举办了奥运会,并加入了国际经济合作组织(OECD),这个时期的日本,已经实现了国民经济的快速发展,成为世界发达国家。日本原计划在1940年举办世博会,以庆祝日本帝国建立2 600周年,由于第二次世界大战,这届博览会延期30年才得以举办。1970年日本大阪世博会是第一次在亚洲举办的世界博览会,以发达国家的形象,向世界展示了战后日本的巨大发展和变化,同时也推动了日本关西地区经济的发展。当年大阪世博会的场地只留下了一处纪念公园,但昔日会场四周以博览会为契机,开始了地区开发,成为大阪都市圈的核心,形成了大城市。大阪的国际大都市的地位得到上升,带来了与展示活动、设计、建筑、广告相关的产业发展,企业也为之集聚。大阪世博会的成功以及博览会所发挥的效果象征着日本的"博览会时代"的到来。

图5-3(上左)
安特卫普世博会全景

图5-4(上右)
安特卫普世博会主展馆

一、比利时历史上的世博建筑

比利时在1885年5月2日至11月2日举办了安特卫普世博会，这是比利时举办的一系列世博会的首届。由于这个时期的世博会往往仓促上马，建筑放在次要的地位，因此，建筑的品质很少引起人们的关注，19世纪80年代的世博会往往很快就被人们遗忘。安特卫普世博会的场址选择在须德低地上，靠近城市的新港口，基地呈不规则形状。博览会占地22公顷，35个国家参展，有350万人参观(见图5-3)。博览会的主展馆，同时也作为博览会主入口的是装饰艺术馆，里面安装了液压电梯。装饰艺术馆是博览会的标志性建筑，铁构架外面贴人造大理石。建筑立面将古罗马的凯旋门与雄伟的陵墓风格揉合在一起，主入口两边对称地设置了两座灯塔。建筑顶部在68米处，有一个地球，下面由12个巨人像柱承托(见图5-4)。装饰艺术馆与机械馆和另一座展馆连在一起，建筑师是当时的宫廷建筑师热代翁·博尔迪奥(Gédéon Bordiau)。

博览会上有一座世博公园，由德国出生的比利时建筑师路易·弗克斯(Louis Fuchs)设计,公园中布置了各个公司的展馆以及殖民地馆(见图5–5)。这届博览会就总体而言,办得很成功,表明小国办的博览会不一定就是小的。但是,经过光辉的1889年巴黎世博会后,安特卫普世博会当然完全无法与之相比。

1910年布鲁塞尔世博会于4月23日开幕,11月7日闭幕,占地90公顷,26个国家参展,参观人数达1 300万。这届博览会的建筑风格背离了当时比利时提倡的新艺术运动,而倾向于传统建筑风格。荷兰馆的建筑师是威廉·克罗姆胡特(Willem Kromhout,1864—1940),最早的设计带有拜占庭建筑的风格(见图5–6),最终按照传统的低地地区的建筑风格实施(见图5–7)。克罗姆胡特为1915年旧金山世博会设计的荷兰馆是他为1910年荷兰馆设计的方案的变体,但是在比例和细部上更加完美。这届博览会的主展馆是大宫(Grand Palais),在8月14日下午突然毁于一场大火,所幸没有人受伤,以后又在原址重建。

这届博览会上,德国建筑师有非凡的表现,德国馆几乎与东道主的展馆有同样的规模,相当于所有国家展馆的总面积。德国展区由一组建筑组成,包括文化馆、铁路馆、空间艺术馆等。博览会上有德国现代建筑的创始人彼得·贝伦斯(Peter Behrens,1868—1940)和布鲁诺·保罗(Bruno Paul,1874—1968)设计的作品,贝伦斯和保罗的作品使1910年布鲁塞尔世博会变成德国新建筑风格的展示场,预示了欧洲现代建筑的诞生。保罗倾向于新的装饰艺术风格,而贝伦斯则表明艺术

图5–5(下左)
法国殖民地馆

图5–6(下中)
荷兰馆的原始方案

图5–7(下右)
克罗姆胡特设计的荷兰馆

图5-8(上左)
贝伦斯设计的德国铁路馆

图5-9(上右)
德国文化馆室内

与工业的联盟，贝伦斯刚完成柏林的德国通用电气公司的透平机车间(1909)，就实质而言，这届博览会是1914年德国科隆德意志制造联盟展的预演。贝伦斯设计的铁路馆入口采用了简化的多立克式柱和铆接工字钢梁，显然借鉴了古典的神庙，框架结构应用了新近获得专利的胶合木梁(见图5-8)。

德国馆的建筑风格受1908年出版的建筑理论家保罗·梅贝斯(Paul Mebes)的著作《1800年前后：建筑与手工艺在上世纪的传统演变》(*Um 1800: Architektur und Kunsthandwerk im letzten Jahrhundert ihrer traditionellen Entwicklung*)的影响，德国建筑师对古典传统进行了当代的诠释，德国馆的总体布局由埃马努埃尔·冯·塞德尔(Emanuel von Seifl, 1856—1919)负责规划，塞德尔也设计了几座展馆。塞德尔受梅贝斯的著作和德国批评家赫尔曼·穆特休斯(Hermann Muthesius, 1861—1927)介绍英国当代建筑书籍的影响，设计多为波浪形的屋面、严格的古典形式和白色的粉刷墙面。

文化馆、空间艺术馆和工艺美术馆的室内设计是保罗的作品，内部空间结构清晰，呈几何分隔，明显表现了源自古希腊神庙的原型(见图5-9)。

博览会在万国大道上建造的阿拉伯城堡、瑞士山间木屋、托斯干纳别墅、巴伐利亚农舍、印度神庙等吸引了大量观众。

1930 年安特卫普举办了“殖民地、海洋与弗莱芒艺术国际博览会”(Exposition International, Colonial, Maritime, et d'Art Flemmand), 这届博览会于 4 月 26 日开幕,11 月 4 日闭幕,21 个国家参展,博览会占地 69.2 公顷,吸引了 520 万观众。这届世博会因为第一次世界大战而延至 1930 年。博览会的主入口是一座凯旋门, 代表独立的比利时的荣耀,为了献给比利时最初的三位君主,他们的雕像竖立在拱门下方,大门的建筑师是埃米耶尔·凡·阿韦比克(Emiel Van Averbeeke),但是大门也像大多数博览会建筑一样,属于临时建筑(见图 5-10)。

这届博览会没有像前几届那样让装饰艺术风格占主导地位,由于现代建筑的影响刚开始扩散,现代建筑在这届博览会上仍然没有占主导地位,大部分建筑已经取消了装饰,表现的是建筑的简洁体块和严谨的体量,代表作是凡·阿韦比克设计的安特卫普城市馆(见图 5-11)。凡·阿韦比克还设计了博览会上的艺术馆,会后改造为一所学校。

埃德温·勒琴斯(Erwin Lutyens,1869—1944)设计的英国馆表现了简化的殖民地建筑风格(见图 5-12)。

图5-10(左上)
1930年安特卫普世博会大门

图5-11(右图)
阿韦比克设计的安特卫普城市馆

图5-12(左下)
勒琴斯设计的英国馆

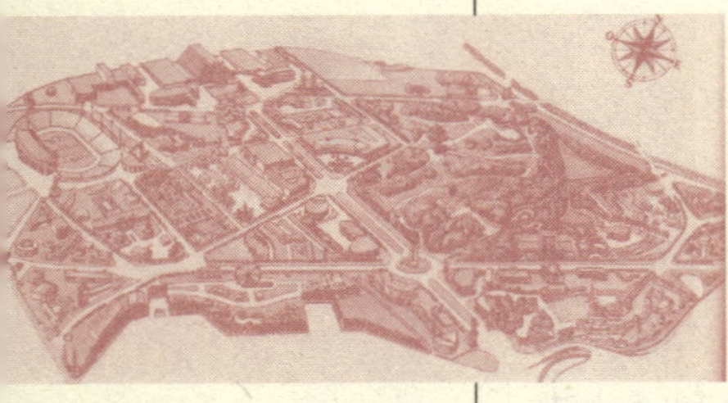

图5-13(上左)
1935年布鲁塞尔世博会全景

图5-14(上中)
布鲁塞尔世博会的大宫

图5-15(上右)
布鲁塞尔世博会意大利馆

1935年的布鲁塞尔世博会于4月27日开幕，11月6日闭幕，共194天，这届博览会的主题是：交通与殖民化(Transports et Colonisation)，博览会占地152公顷，30个国家参展，吸引了2 000万观众(见图5-13)。总建筑师是约瑟夫·凡·内克(Joseph Van Neck)。由于两年后巴黎世博会的成功，使人们几乎忘记了这届布鲁塞尔世博会，许多关于世博会的著作甚至都不提这届博览会。

密斯·范·德·罗应邀参加了德国馆的设计竞赛，纳粹宣传部的任务书要求德国馆要表现德国的军事强权和英雄主义，当时，现代主义在德国已经成为受批判的边缘。密斯的设计与巴塞罗那展览馆的设计有一定的联系，只是规模更大，更具有纪念性，也更关注精神因素，与现代主义的理想有所违背。最终，密斯的方案没有被选中。

比利时的各主要展馆表现出装饰艺术风格、现代主义和古典形式的混杂。具有代表性的有凡·内克设计的大宫(Grote Paleis)，立面宽39米，混凝土结构的跨度达89米，在使用前经过应力试验(见图5-14)。

意大利馆(见图5-15)的建筑师是阿达贝尔托·利贝拉和马里奥·德伦齐(Mario de Renzi)，意大利馆的外立面基本上是建于1932年的罗马法西斯革命十周年展览馆(见图5-16)的翻版，尤其是整体的构图和比例关系十分相像。

二、布鲁塞尔的原子塔

比利时首都布鲁塞尔曾经举办过三届世界博览会，1910 年世博会、1935 年世博会和 1958 年世博会。1935 年这届博览会吸引了 2 000 万参观者。

1958 年布鲁塞尔举办了第二次世界大战后全球第一届世博会，主题是“科学、文明与人性”（La Technique au service de l'homme. Le progrès humain à travers le progrès technique）。博览会于 7 月 6 日开幕，9 月 29 日闭幕，博览会的场地位于海泽高地，在 1935 年的博览会旧址上加以扩建，占地 200 公顷，42 个国家参展，4 145 万人参观了博览会（见图 5-17）。这届世博会的参展国都以乐观的态度积极倡导和平利用先进技术，克服冷战时期的政治冲突。

在历届博览会中，这届博览会不那么受赞扬，甚至东道国比利时

图5-16(下左)
罗马法西斯革命十周年展览馆

图5-17(下右)
1958年布鲁塞尔世博会全景

对博览会的批评也相当尖锐。比利时人认为博览会的建筑违背了“按照人的尺度建设世界”(Building the World on a Human Scale)的主题。许多人认为,这届博览会的建筑被过分渲染夸大,人工痕迹过于明显。因此,博览会闭幕后,大部分建筑随即被拆除。其中一部分原因也在于,这届博览会在财务上的巨额亏损。事实上,形成博览会所谓非人性尺度的原因是建筑师和规划师在规划过程中被排除在外。尽管如此,布鲁塞尔世博会所表现的科学技术进步,尤其是建筑工程技术的进步和结构创新产生了重大的影响。

第二次世界大战结束后,各国人民在满目疮痍的废墟上开始重建家园。1958年布鲁塞尔世博会标志着和平利用原子能时代的到来,也表明欧洲已经从战争的破坏中恢复,同时也展示了“技术乐观主义”的潮流。原子塔就是这种思潮的表现。

图5-18
原子塔全景

这届世博会的标志是由工程师安德烈·瓦特金(André Waterkeyn)、建筑师安德烈·波拉克(Andre Polak,1920—)和让·波拉克(Jean Polak,1920—)设计的原子塔。原子塔被列为改变了世界的20世纪建筑之一,同时被誉为是“地球上最令人震惊的结构”。原子塔象征放大到1 650亿倍的铁分子,比利时有丰富的铁矿蕴藏,采矿在当时是比利时的支柱产业,铁矿石也是比利时重要的出口产品。原子塔的整体结构坐落在三个支架上,是一个110米高的铁分子模型,转换成以直径为3.3米的管状通道相连的九个球形建筑,球体的直径是18米,每个球体重200吨,总重量为2 200吨(见图5-18)。每个球体室内分成两层空间,最顶上的球体内有一座餐厅,可以观览全城。球体内有展馆和可以容纳200人的会场,

图5-19(上左)
原子塔局部

图5-20(上右)
斯东和哈登设计的美国馆

展示医学研究的成果。连接球体的管道内安装了当时号称速度最快的自动楼梯，速度是每秒4.6米。整个球体在钢材表面覆有一层闪光的铝片，使原子塔在光照下，显得丰富多彩，具有高科技的形象。原子塔象征着原子时代，代表了比利时科学的进步和对美好未来的向往。原子塔位于中轴线中央，是比利时的展馆与外国馆的分界，至今仍是城市的标志（见图5-19）。

1958年布鲁塞尔世博会美国馆由美国建筑师爱德华·斯东（Edward Stone, 1902—1978）和哈登（P.G. Harden）设计。美国馆的屋盖采用直径为92米的圆形双层悬索结构，有36对钢柱支持，柱廊柱高22米，覆盖直径为104米的展览馆（见图5-20）。屋盖中部有一个露天的圆形天井，建筑巧妙地利用了悬索结构所需要的内支承环，正对地面上的圆形水池，围绕水池布置展品。两个对称蝶形悬索结构的承重索与稳定索锚同在钢桁架边缘构件上，用于平衡屋顶重量的悬臂钢梁以45°斜角外伸65米。双向正交索网构成1.3米见方的正方格，上铺钢板，再做保温层及油毡防水层。外墙为钢化玻璃及聚酯塑料板，用钢管吊挂在屋顶边缘的构件上，对索网起预应力作用。该建筑是二战后悬索结构中最具表现力的建筑之一，这种结构体系也用在北京

图5-21(上左)
美国馆室内

图5-22(上右)
苏联馆室内

图5-23(下左)
吉莱设计的法国馆

工人体育馆(1959—1961)的屋盖上(美国馆的室内状况见图 5-21)。

布鲁塞尔世博会苏联馆的平面为长方形，主要承重结构是由两排特殊结构的柱子组成，每个柱子为金属桁架构成，柱顶两侧用钢拉索拉起两个另一端固定在柱身的桁架，中间跨的屋架支持在两排柱子所拉住的桁架端部。外墙为大片玻璃，造型十分轻快而又明朗(苏联馆室内状况见图 5-22)。

布鲁塞尔世博会法国馆显示了法国建筑师和工程师在创作中的先锋意识，建筑师是纪尧姆·吉莱(Guillaume Gillet,1912—1987)。由于基地条件的限制，法国馆只能有一个支点支承 1 200 平方米的建筑。结构工程师采用由一个支点出挑的巨大悬臂梁和平衡杠杆，支承起两个拼接的菱形双曲抛物面悬索屋盖，其平面形状如同飞碟，产生了有力而又轻快的效果(见图 5-23)。

由勒·柯布西耶设计的飞利浦馆被誉为“电子诗篇”，飞利浦馆采用扭壳拱墙屋顶结构，其平面由各种曲线构成，高低错落的墙面及屋顶均为 5 厘米厚的扭壳，充分展

图5-24(上左)
勒·柯布西耶设计的飞利浦馆

图5-25(上右)
土木工程馆的巨型箭头

现了混凝土的塑性表现力。建筑内部将色彩、声、光和音乐完美地结合在一起(见图 5-24)。

土木工程馆(Burgerlijke Bouwkunde)是 1958 年布鲁塞尔世博会体现钢筋混凝土特性最为壮观的结构,它的悬挑超出 80 米,高 36 米的"巨型箭头"给人以非凡的震撼力(见图 5-25)。设计者是雕塑家雅克·默夏尔(Jacques Moeschal),断面为 V 字形,下面用 16 根拉索悬挂一座步行天桥。

西班牙馆(Spanish Pavilion)的建筑师是何塞·安东尼奥·科雷亚莱斯(José Antonio Corrales)和拉蒙·巴斯克斯·马勒宗(Ramón Vázquez Malezún),他们在建筑设计竞赛和室内展示设计竞赛中都获胜。基地的形状不规则,位于一片树林中,地面高差近 6 米,设计要求保护现有的树木。设计采用六边形的伞形结构作为基本单元,重复配置 130 组六边形像蜂窝一样组合成展馆建筑,以适应地形的变化,同时也避让了树木。建筑的立面采用玻璃和砖,窗框和门框用铝合金。屋面采用透明材料,同时也利用各个单元的高差形成天窗,使室内光线充足,产生很好的展示效果。柱子是空心的,中间设置落水管。室内用不同标高的平台适应地形的高差(见图 5-26)。

图5-26(上左)
科雷亚莱斯设计的西班牙馆夜景

图5-27(上右)
费恩设计的挪威馆

挪威馆（Norwegian Pavilion）由挪威著名建筑师斯韦勒·费恩(Sverre Fehn，1924—)设计，费恩是挪威现代建筑的先驱，他在1956年的挪威馆设计竞赛中获胜。由于基地夹在两座其他展馆中间，挪威馆只能表现它的立面。费恩将建筑布置在一个大平台上，屋面由37米长的层压木梁支承，挑出建筑，形成优美的外轮廓。屋面材料采用透明的塑料，使室内光线均匀分布。墙板围合了三组宁静的庭院空间，从挪威馆所在的万国大道上，透过三间用塑料薄膜覆盖的厅堂，可以看见这些庭院。外墙上大片的玻璃移门，使室内和室外空间可以灵活分隔，并形成灵活的出入口。十字形断面的普列克斯玻璃墙板的支撑，产生几乎是隐形的构架，提供了几乎完全通透的开放空间(见图5-27)。整个建筑是装配式结构，在挪威预制，钢筋混凝土的外墙作为集装箱，把所有的建筑构件和材料都装进去，用船运至比利时。1958年布鲁塞尔世博会的挪威馆设计将费恩推上了国际舞台，费恩后来设计了威尼斯双年展的北欧馆(1959，1964)、挪威菲耶兰冰川博物馆(1989—1991)等，他于1997年获普里兹克建筑奖。

西德馆(West German Pavilion)的建筑师埃贡·艾尔曼(Egon Eiermann, 1904—1970)和泽普·鲁夫(Sep Ruf)将展馆设计成一组八个馆，发光的钢框架，由带顶的步道相连，有纯净的细部(见图5-28)。

图5-28(上左)
西德馆

图5-29(上右)
1967年蒙特利尔世博会全景

三、蒙特利尔的世博建筑

蒙特利尔曾经有过三次申办世博会的意图，前两次都因为战争而无法实现，第三次终于成功。为庆祝加拿大建国100周年而举办的1967年蒙特利尔世博会的主题是：人类与世界（Man and His World），这个主题来自1939年出版的一本书：《人们的世界》（Terre des Hommes），作者是安托万·圣埃克苏佩里（Antoine de Saint-Exupéry，1900—1944），他是家喻户晓的《小王子》一书的作者。这届世博会的副主题是：人是探索者，人是创造者，人是生产者，人与社区”等（Man the Explorer, Man the Creator, Man the Producer, Man in the Community）。蒙特利尔世博会于1967年4月28日开幕，10月27日闭幕，占地364公顷，62个国家参展，5 030万人参观了博览会，比预计的参观人数增加了1 500万（见图5-29）。总建筑师是爱德华·菲塞（M. Édouard Fiset，1910—1994）。

自1958年以来，蒙特利尔市中心有了极大的变化。1960年，环绕蒙特利尔的都市大道通车。蒙特利尔正处于城市快速发展的阶段，为筹办世博会，蒙特利尔建造了几十年前就曾经计划的城市基础设施，建造了许多公共建筑，1966年建造了用于世博会的圣埃莱娜岛市立水族馆。这次世博会给予城市一个思考未来发展的机遇，使城市的新区得以实现城市化。圣埃莱娜岛和圣母岛用地铁、道路和桥梁连接起来。

图5-30
蒙特利尔世博会的交通运输馆和加拿大馆

1962 年，城市开始建设地铁，世博会开幕前 6 个月，全部工程竣工。利用地铁施工挖出来的土方，蒙特利尔市的市长在圣劳伦斯河上填出一些岛屿，同时也利用一些荒岛，辟为世博会的场地。今天，这些岛屿形成了一群城市中心的公园。而世博会也留下了永久的公共交通设施、道路和公共空间。尽管蒙特利尔缺乏组织世博会的经验，蒙特利尔世博会却举办得十分成功，成为有史以来第二大世博会，并受到公众的普遍赞扬（图 5-30 为该世博会的交通运输馆和加拿大馆）。

1967 年蒙特利尔世界博览会展区规划结合了城市旧有内陆港区的再开发计划，这届世博会同时也是纪念加拿大建国 100 周年。整个展区呈三部分分散布局：第一部分是利用了旧防洪堤；第二部分是原有绿化公园的江心岛；第三部分则是根据河道改造要求填埋的人工岛。三部分通过博览会展区的规划建设构成了良好的道路有轨交通和水上交通网，完善的市政设施也给之后的城市开发奠定了必要的基础。这届世博会提出的目标是："向每位与会参观者展示我们生活的世界，以使他们认识到我们每一个人都是共同地和各自地相互负有责任的，而且，把人们联系在一起的意义远比把人们分开来得重要。" 1967 年蒙特利尔世界博览会使蒙特利尔和魁北克开始向世界开放，20 世纪

60年代成为蒙特利尔城市快速发展的重要时期。

蒙特利尔世博会在建筑史上具有重要的意义，美国馆、德国馆、苏联馆等建筑在结构体系和建筑艺术方面具有开创性。

美国馆的主题是创造力，由美国建筑师、工程师富勒设计的美国馆采用了短线网格球形穹顶结构(geodesic dome)，这是一种覆盖小都市空间的穹顶。富勒在1948年创造的短线网格穹顶结构，是"少费多用"(Doing the most with the least)原则的集中体现。当时，一些城市规划师和建筑师正设想将城市或城市的局部全部覆盖，创造人工环境。1960年，富勒也曾设计了覆盖纽约曼哈顿中区的直径为2公里、高度为1.1公里的四分之一球体的曼哈顿计划和1962年的曼哈顿大地穹，1970年发表的曼哈顿计划的穹顶直径达3.2公里(见图5-31)。富勒假定在自然界存在着能以最少结构提供最大强度的向量系统，他发展了一种"高能聚合几何学"系统。这种系统的基本单元是一种四面体，即一种有四个面的角锥体，与八面体聚合后可以成为最经济的覆盖空间的结构。该馆直径76.2米，高61米，这是一种覆盖小都市空间的革新性穹顶，整个建筑以较少的材料造成轻质高强的屋盖，轻巧地覆盖着整个展馆空间(见图5-32)。为控制室内的热环境，自动卷轴的遮阳板上装饰了六角形的图案(见图5-33)。由于这座建筑，富勒被授予美国建筑师学会金奖。

图5-31(下左)
纽约曼哈顿大地穹

图5-32(下右)
富勒设计的美国馆

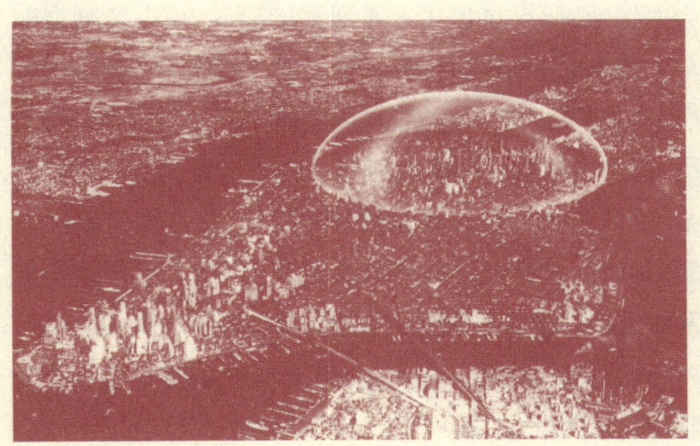

图5-33(上左)
美国馆内景

图5-34(上右)
蒙特利尔世博会展出的人居67

由于采用了三角形金属穹顶结构，所以杆件规格最少，结构用料最省，网肋规格相当整齐，便于施工和装配，很好地满足了世博会建筑要求，成为该届世博会的标志建筑，同时也让全世界了解了网架结构的无穷潜力，网架结构因其跨度与经济性已成为大规模空间的首选结构之一。1976 年，美国馆的外壳因改造工程引起的火灾被烧毁。富勒同时也是一位发明家、哲学家和诗人，被誉为 20 世纪下半叶最有创见的思想家之一。他是第一个从全球着眼试图发展全面的、长期的技术经济计划的学者，该计划的宗旨是“使人类成为宇宙间的一项奇迹”。

作为世博会的组成部分，展出了未来居住的模式，由以色列裔建筑师摩西·萨夫迪（Moshe Safdie，1938—）设计的“人居 67”居住社区（Habitat 67）成为这届博览会的标志建筑（见图 5-34）。人居是蒙特利尔世博会的主题，也是当时全球关注的问题。这是一种全新的试验性预制装配式住宅，受日本新陈代谢派建筑师的启示，旨在探索解决全球性的居住问题，提供一种新的结构和建造方式，预示了可持续发展的紧凑型城市发展道路。由工厂预制的墙板在现场装配，统一的单元随机地叠置在一起，建造在一座人工岛上，位于市中心和博览会会址之间（见图5-35）。原计划建造 1 000 个公寓单元，实际只建造了 158 个公寓单元。当年建设“人居 67”的时候，世界还不能接受这种紧凑型城市的理念。一直要到 20 世纪 70 年代石油危机以后，人们才开始考虑世界的可持续发展。就这个意义而言，“人居 67”具有重要的启示性的作用，成为一种未来城市的模式。

由苏联建筑师米哈依尔·波索金（Mikhail.V.Posokhin）设计的苏联馆有一个巨大的斜屋顶，坐落在两个 V 形支柱上，透过玻璃幕墙，这两个强劲的 V 形支柱清晰可见（见图 5-36）。博览会期间，苏联馆吸引了 1 300 万参观者。

由罗尔夫·古特布罗德（Rolf Gutbrod，1910—）和弗赖·奥托（Frei Otto, 1925—）设计的蒙特利尔世博会德国馆采用了索膜结构。弗赖·奥托被誉为索膜建筑与结构技术的先驱，他在这座展馆上第一次创造性地大规模成功应用了索膜建筑技术。索膜建筑是伴随着当代电子、机械和化工技术的发展而逐步优化的。德国馆的屋面用特种柔性化学材料敷贴，呈半透明状（见图 5-37）。正是德国馆的成功引发了 1972 年慕尼黑奥运会体育场的结构和建筑造型。

图5-35(左图)
人居67局部

图5-36(右上)
波索金设计的苏联馆

图5-37(右下)
德国馆

图5-38(上左)
福热龙设计的法国馆

图5-39(上右)
加拿大馆

图5-40(下左)
魁北克馆

主题为“发明的传统”的庞大的法国馆是博览会后留存下来的少数展馆之一(见图 5-38),建筑师是布卢安父子建筑师事务所的让·福热龙(Jean Faugeron),钢筋混凝土的圆形外墙面挂上一圈垂直的铝合金翼板。

倒金字塔形的加拿大馆称为“卡提马维克”(Katimavik),在爱斯基摩语里是“聚合的场所”的意思(见图 5-39)。

位于法国馆旁边的魁北克馆由建筑师帕皮诺、热兰-拉茹瓦和勒勃朗建筑师事务所(Papineau, Gérin-Lajoie, Le Blanc)设计,这座展馆被誉为堪与 1929 年密斯·凡·德·罗设计的巴塞罗那展览馆相媲美,《纽约时报》的建筑评论家称它为“1967 年世博会的巴塞罗那展览馆”(见图 5-40)。该建筑平面为正方形,由四个对称布置的中空钢塔承重,里面是电梯井和疏散楼梯。立面采用镜面玻璃,将周围的建筑都收进构图。建筑师不仅设计了建筑的外壳,同时也设计了展馆的室内,室内外浑然一体。由于室内外的整体性,所以魁北克馆比其他展馆更为突出,博览会后保留下来作为文化中心,容纳了一座博物馆、餐厅和剧院等功能(见图 5-41)。

当年的《建筑实录》(*Architecture Record*)杂志盛赞蒙

图5-41(左上)
魁北克馆夜景

图5-42(右图)
1986年温哥华世博会全景

图5-43(左下)
蔡德勒设计的加拿大广场

特利尔世博会是一场“视觉的盛宴”。

加拿大的温哥华于 1986 年 5 月 2 日至 10 月 13 日举办了主题为“交通与通讯：世界在运行，世界在接触”(Transportation and Communication: World in Motion-World in Touch)的专题世博会，54 个国家参展，2 211 万人参观了这届世博会(见图 5-42)。这届博览会留下了加拿大建筑师蔡德勒(Rberhard Zeidler，1926—)设计的加拿大广场，整座建筑伸入水中，它的造型犹如一艘正待启程远航的轮船，同时又融合了古代帆船的形象(见图 5-43)。

四、大阪世博会与日本建筑的崛起

1970 年大阪世界博览会是第一次在亚洲、在日本举办的世博会，这届世博会也是为了纪念明治维新 100 周年。主题是：“人类的进步与和谐”(Human progress into harmony)。四个副主题是：“人类与生活”、

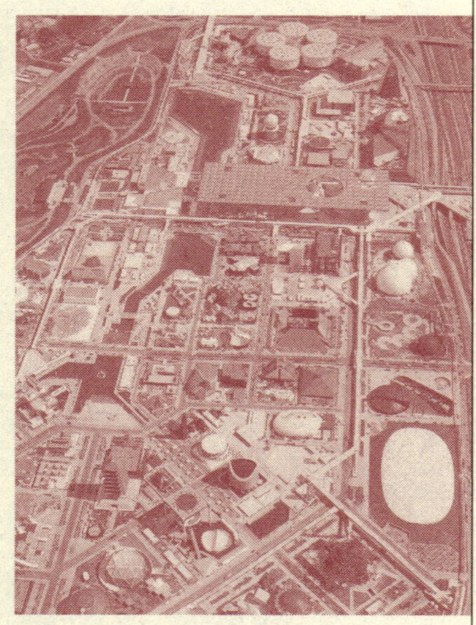

图5-44
大阪1970年世博会全景

"人类与自然"、"人类与技术"和"人类的相互了解"。大阪世博会于 3 月 15 日开幕,9 月 13 日闭幕，世博会占地 300 公顷,75 个国家参展,6 421 万人参观了博览会,其中 6 200 万是日本人,占总参观人数的 97%。大阪世博会创下了世界博览会有史以来参观人数的最高纪录。1970 年日本大阪世博会，标志着世博会的展示全面地由产品展示转向文化展示和概念展示。当时的人类已经实现了登月,美国馆展出了从月球上采集的岩石,苏联馆展出了宇宙飞船。 大阪世博会在人类历史上开启了一个信息化时代。

在大阪举办这次世博会的战略是振兴关西地区,大阪世博会为大阪的城市发展带来了极大的机遇。总投资 20 亿美元用于博览会的建设，另外 80 亿美元用于城市建设等方面(见图 5-44)。

早在 1851 年伦敦世博会时,日本就曾萌发举办世博会的意愿,1877 年日本提出举办世博会的计划，但没有成功。日本原计划在 1940 年举办东京世博会,以纪念日本帝国建立 2 600 年。由于日本发动第二次世界大战而流产，直到 1965 年才申办成功于 1970 年在大阪举办世博会。大阪世博会的场址选在大阪郊区吹田卫星城的一片山丘起伏的空地,里面还有一片竹林,为总平面规划提供了很大的自由。博览会后,尽管大阪世博会的场地只是作为世博纪念公园而利用，但是整个地区由于世博会的契机而实现了城市开发,形成大阪都市圈的核心。为筹办世博会而建设的大型公共工程、港口工程和基础设施对城市未来的发展具有十分重要的影响作用。

如何创造空间秩序，将内容繁复多样的博览会会场处理得井井有序,但又不单调,在多样化中求统一是世博会总体规划面临的主要问题之一。大阪世博会的总建筑师丹下健三引入了全新的规划理念，他认为必须从系统和结构上解决问题，在1878年巴黎世博会和1900年纽约世博会的基础上，以巨大的树形作为设计的理念，以树干、树枝和花作为规划结构。从会场主入口一直横贯南北长1 000米、宽150米的中轴线象征区是“树干”，连接东、南、西、北四个次入口的车道和活动走道是“树枝”，遍地布置的各国展馆和企业馆就是“花朵”。中轴线将整个博览会会场分成南北两部分，北面是展馆区，南面是娱乐区和管理设施，活动人行道设计成封闭的带空调系统，连接各个展区。丹下健三和他的设计组决心把这届博览会变成日本经济成长时代的纪念碑，总共建造了107幢建筑和展馆（图5-45是该世博会上的观光餐厅）。

最早的规划试图模仿1851年伦敦世博会，将所有的展馆和展品都放置在一个屋顶之下，建造一个庞大的展览馆，由于赞助商的反对而不得不放弃这个设想。这个设想只是在丹下健三（Kenzo Tange, 1913—2005）设计的巨型象征区（Symbolic Zone）上部分得到了实现。这座巨型建筑包含了世博会艺术博览馆、庆典广场（见图5-46）、主题馆和太阳塔。

由日本的建筑师丹下健三、菊竹清训（Kiyonori Kikutake, 1928—）

图5-45(下左)
大阪世博会上的观光餐厅

图5-46(下右)
大阪世博会的庆典广场

图5-47(上左)
主题馆和黑川纪章设计的舱体

图5-48(上右)
丹下健三的东京规划

图5-49(下图)
黑川纪章的螺旋城市

和黑川纪章(Kisho Kurokawa, 1934—2007)等提倡的新陈代谢主义(Metabolism)成为大阪世博会日本建筑的主流(图5-47为主题馆和黑川纪章设计的舱体)。新陈代谢主义将生物学的新陈代谢应用到城市和建筑上,应对日本人口密度过高的压力,提出了一种能够不断生长和适应的结构,丹下健三为1960年东京湾规划提出了海上城市的设想,重组城市的结构(见图5-48)。他的思想对年轻的日本建筑师有着重要的影响。黑川纪章于1961年提出了螺旋城市(Helix City)的设想(见图5-49)。

从1967年春开始,丹下健三和其他12名建筑师着手进行中轴线主体设施的设计。庆典广场是一个巨大的用空间网架屋顶覆盖的广场,由6根支柱支承,面积为108米×291.6米,高37.7米。主题空间由地下、地上和空中三层组成,分别代表过去、现在和未来。冈本太郎(Okamoto Taro)的雕塑"太阳塔"高70米,伸开双臂,欢迎

图5–50(上左)
太阳塔

图5–51(上右)
黑川纪章设计的东芝IHI馆

参观者，雕塑穿过大屋架，象征着向机械文明挑战的人类。塔内有反映人类历史的展览，塔灯象征着为人类的未来指引航向，从塔底乘电梯到高处的攀登象征着人类走向未来（见图 5–50）。另外还有两尊较小的雕塑——《母性》和《青春》，象征着成长、尊严、无限的能量和人类的进步。今天，大阪世博会的场地变成了世博纪念公园，所有的博览会建筑已经荡然无存，只留下太阳塔，作为这届博览会的永恒记忆。

1970 年的大阪世博会更成为一场现代建筑的实验场，也是日本当代建筑发展的先声和契机，以丹下健三为首的日本现代建筑师从此活跃在国际建筑舞台上，并最终确立起日本当代建筑和日本建筑师的国际地位。

黑川纪章认为，将一座建筑先解构成一个个基本组成部分，然后再把它们自由地组合起来，这是信息时代建筑的表现方式，黑川纪章为大阪世博会的设计充分体现了这种思想。他所设计的东芝IHI馆(The Toshiba·IHI Pavilion)用钢结构表现生长的生命，用焊接钢板制成的 1 500 个四元组单元按不同的方向布置，焊接组合，可以产生无穷变幻的建筑形式。馆内有一个带 9 个屏幕的剧场(见图 5–51)。黑川纪章还设计了由美容院座椅制造商赞助的宝美馆（Takara Beautilion Pavil–

图5-52(上左)
黑川纪章设计的宝美馆

图5-53(上右)
大谷幸夫设计的住友童话馆

ion),主题是“美的欢悦”,这是由钢管和模数化的舱体单元按照未来可能扩展的方式建造的(见图 5-52)。

日本建筑师大谷幸夫(Sachio Otani,1924—)设计的住友童话馆(The Sumitomo Pavilion)也是这届博览会的优秀展馆,展馆是一座由 9 个空间桁架构成的塔楼,支承着半球型的展示单元和一个 200 座的报告厅(见图 5-53)。

大阪世博会的许多展馆都应用了塑料、玻璃纤维等新材料作为试验,在这届世博会上,充气建筑作为一种全新的建筑方式成为各种展馆的主体。美国馆采用了美国国家航天局 1967 年开发的技术——一种大跨度缆绳增强充气薄膜结构。在准备设计方案时,一共有 13 个组参加了美国馆的方案设计竞赛,戴维斯、布罗迪、切尔马耶夫、盖斯马和德哈拉克联合事务所(Davies, Brody, Chermayeff, Geismar, and de Harak Associates)设计的高为 80 米的双重空气膜方案中标,由于预算和工期均不能满足要求,工程师大卫·盖格(David Geiger,1935—1989)的方案解决了难题,他的体系是低矢高椭圆形平面、加强缆索和外周

图5-54(上左)
盖格设计的美国馆

图5-55(上右)
美国馆室内

压力环，使美国馆成为充气式膜结构的代表(见图 5-54)。这是一种气承式膜结构，从严格的结构力学的概念来说，这是世界上最早的膜结构。美国馆建造在地底下，其平面是 142 米×83.5 米的椭圆形，上面覆盖着钢管和充气支承的屋顶结构，膜材料为玻璃纤维敷聚氯乙烯涂层制品，自重仅 5 公斤/平方米，可承受 150 公斤/平方米的风荷载(见图 5-55)。《建筑论坛》(*Architecture Forum*) 杂志盛赞这座建筑："如果 2000 年的建筑史学家回顾该建筑的话，必定会将其评价为这才是让 20 世纪的结构进步的少数建筑之一"①。以后，东京的大穹顶体育馆(Big Egg，1988)就是以这种技术为模型建造的。

日本建筑师村田丰(Yutaka Murata，1917—1988)和结构工程师川口卫(Mamoru Kawaguchi，1932—)设计的充气梁式拱结构的日本富士馆，以其特殊的结构系统和形态震惊了世界。该馆的结构原理相当简单，其平面是直径 50 米的圆形，由 16 根 3.3 米直径 72 米高的充气管拱，通过圆形的钢筋混凝土环梁把它们固定在一起，而各管拱间再由 0.5 米宽的环形水平带将它们相互固定(见图 5-56)。自从这届世博会以后，膜结构经历了巨大的发展变化，大阪世博会功不可没。村田丰以后又设计了 1975 年冲绳海洋博览会的芙蓉俱乐部馆。

大阪世博会的巴西馆(Brazilian Pavilion)由巴西建筑师保罗·门德

① 斋藤公男：《空间结构的发展与展望——空间结构设计的过去·现在·未来》，季小莲、徐华译，北京：中国建筑工业出版社，2006 年，第 136 页。

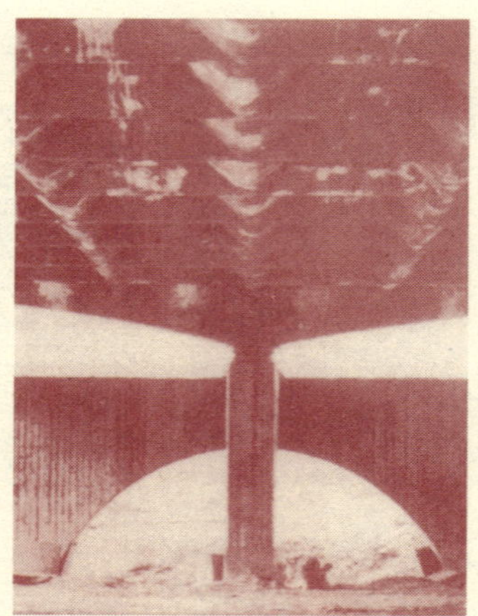

图5-56(上左)
川口卫设计的富士馆

图5-57(上中)
达·罗查设计的巴西馆

图5-58(上右)
巴克马设计的荷兰馆

图5-59(下图)
沃尔特设计的瑞士馆

斯·达·罗查(Paulo Mendes da Rocha,1928—)等设计,保罗·门德斯·达·罗查在2006年获普里兹克建筑奖。巴西馆表现了非常特殊的先张法预应力钢筋混凝土结构体系,这座1 500平方米的展馆支承在四个支点上,柱子的间距为30米,屋面的两端有巨大的天窗,用玻璃导光板将光线引入展馆中央(见图5-57)。

荷兰馆在这届博览会上相当突出,表现了荷兰现代建筑的新趋向。荷兰馆的建筑师是雅各布·贝伦德·巴克马(Jacob Berend Bakema,1914—1981)和卡雷尔·韦贝尔(Carel Weeber),巴克马是荷兰现代建筑的代表人物,也是小组10的成员。荷兰馆以简洁的金属板墙面以及饱和的蓝色和红色取得了强烈的视觉效果(见图5-58)。

被称为"冰之树挂"的瑞士馆悬挑25米,构思十分巧妙,建筑师是维利·沃尔特(Willi Walter),采用了空间桁架结构(见图5-59)。

这届博览会的许多展馆都应用了新材料,如塑料、玻璃纤维等,大量使用地下空间。起先,西方评论家对大阪世博会的建筑颇有微词,许多人认为缺乏想象力,展馆园区缺乏协调的色彩方案，整个世博会园区只是一种沉闷的混凝土般的灰色色调。批评家对大阪世博会在响应“进步”这个主题方面的表现也有一些看法，特别是当时在日本涌现出来的许多城市缺乏规划，缺少公共空间，缺少人性。这正是这个时期全球城市和建筑的特点。实际上，这是第二次世界大战后盛行的由勒·柯布西耶倡导的风格。而今天的建筑界则开始赞扬大阪世博会的异质化倾向。

在大阪世博会之后，日本又举办了三届专业博览会和一届综合类博览会，它们分别是：1975 年的冲绳海洋博览会，1985 年筑波博览会和 1990 年大阪花卉博览会，以及 2005 年爱知世博会。就日本国内的博览会而言，也成功举办了 1981 年神户人工岛博览会。

1975 年冲绳海洋博览会的主题是“海洋——充满希望的未来”(The Sea We would like to see)，这届博览会堪称是最大的专业类博览会。为筹办这届博览会建造了综合性的建筑群，为开发冲绳地区奠定了基础，同时也新建了港区。世博会的场地位于距冲绳县首府那霸城 80 公里的海边，博览会于 1975 年 7 月 20 日开幕，次年 1 月 18 日闭幕，占地 100 公顷，37 个国家参展，参观人数为 348 万。博览会上最精彩的展馆是海上都市(Aquapolis)，展示了未来海上城市的景观(见图 5-60)。海上都市的建筑师是日本建筑师菊竹清训，菊竹清训早在 1958

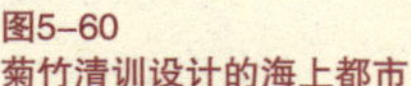
图5-60
菊竹清训设计的海上都市

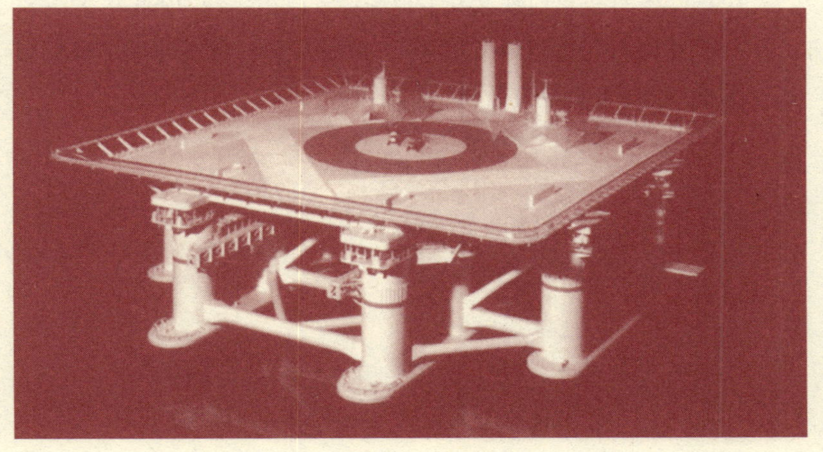

年提出了浮动城市的设想,1963年提出海上城市的设想，这座世界上最大的浮动建筑为100米见方,高32米,重16 500吨,能容纳2 400名游客。

第二次世界大战以后的几十年间，日本的工业和科技取得了长足的进步,20世纪70年代中叶就萌发了建造大型科技园区的计划。1985年3月17日至9月16日举行的日本筑波世界博览会就是为了落实这个计划,筑波是东京的一个卫星城，离开东京约60公里。筑波世博会的主题是“居住与环境——人类家居科技”(Dwellings and Surroundings——Science and Technology for Man at Home)，博览会留下了筑波科技城,推动了筑波作为科技中心的成长。这届博览会有111个国家参展,203万人参观。

东京原计划在1996年举办一届世界城市博览会,由日本在20世纪80年代申请。这届博览会属于专题博览会,博览会的策划、展示的设想和主题演绎都已经进行得十分深入,并与这届世博会关于21世纪城市生活的热点结合在一起。BRC形象艺术公司为这届世博会策划的展览模式是一个多媒体特效展示区，其中一个场景是“灾难教授的试验场”,揭示城市灾难的影响。还有诸如“大街的节奏”等的场景,传达“同一个世界,同一个人类”的讯息。这届世博会还策划了一个“世界城市展馆”,其创意是“城市在微笑”,以后又重新命名为“我爱我的城市”,由此产生了很多故事的概念。选择了阿比让、里约热内卢、洛杉矶、巴黎和东京作为城市的案例,有关展示的策划包括许多细节都已经在1995年完成了主要的工作。但是,由于1995年的阪神大地震,1995年5月东京地铁又发生神经毒气攻击事件,1995年5月31日,东京市市长宣布取消1996年世界城市博览会。策展人温迪·罗宾斯说:“我们想要创造世界上最欢快的笑容,可是没有做到。”

第6章

生态建筑与世博会

早在1970年日本大阪世博会时，北欧五国的联合展馆的主题就是“自然的保护”，大阪世博会的总建筑师丹下健三是成立于1968年的著名的未来学研究团体罗马俱乐部的成员，他曾经说过：“罗马俱乐部以《增长的限度》为题的研究报告给沉醉于60年代飞速成长的先进国家以很大的冲击。这个研究的目的就是说明如果还像这样继续着技术的进步和经济成长的话，从长远来看将给地球带来什么样的后果。”[①]

自1974年美国斯波坎世博会起，历届世博会开始关注环境的价值。斯波坎世博会的主题是“无污染的进步”，许多展馆都以生态作为主题。1998年葡萄牙里斯本世博会和2000年德国汉诺威世博会都直接面对环境问题。里斯本世界博览会的主题是“海洋——未来的财富”，在葡萄牙的推动下，联合国宣布1998年是“国际海洋年”，这届世博会几乎所有的展馆都提到了全球环境问题。

在筹备2000年汉诺威世博会的过程中，美国建筑师威廉·麦克多诺（William McDonough）和德国汉诺威市环境委员会主任汉斯·莫宁霍夫（Hans Mönninghoff）在1992年的巴西里约热内卢全球峰会上正式发布了可持续设计的《汉诺威原则》（The Nannover Principles）。

汉诺威原则有9条：

1. 维护人与自然在一个健康的、互惠的、多样的和可持续的环境中共存的权利；

2. 对相互依存的认同。人类的设计无论其规模如何，都源于自然，并以广泛多

---

① 丹下健三：1978年10月在墨西哥国际建协大会上的报告，转引自马国馨《丹下健三》，北京，中国建筑工业出版社，1989年，第27页。

样的形式与自然交流。因此，设计应充分考虑对遥远的未来所产生的影响。

3. 尊重精神与物质的关系。要从精神意识和物质意识现有的和不断进化的关联方面，充分考虑人居环境的所有方面，包括社会、居住、产业和贸易。
4. 设计决策关乎人类、自然的生存以及二者的共存权利，设计要为其后果负责。
5. 创造安全并具有长远价值的东西。不要因粗制滥造的产品、程序和标准给后代留下沉重的负担，为潜在的危险提供维护或预警管理。
6. 消除浪费的观念。对产品和生产过程的生存周期进行评估并使之最优化，使其接近自然的状态。
7. 依靠自然能源。人类的设计应该如同生物界从取之不竭的太阳中获取创造力，高效并安全地获取能源，并对其负责地使用。
8. 理解设计的局限性。人类的创造从来都不是永恒的，设计不能解决所有的问题。从事创造和规划的人们在自然面前应当保持谦卑，崇敬自然如模范，如师长。
9. 通过知识共享取得进步。鼓励同事、赞助人、厂商和用户间进行直接、开放的交流，以便将人们把长期可持续的关注与伦理责任相结合，重建自然进程与人类活动的整体关系。①

德国在历史上曾经申办 1900 年世博会而没有成功，自 1910 年布鲁塞尔世博会起，德国才真正全力以赴参加世博会。2000 年汉诺威世博会为德国赢得了声誉。

爱知世博会的基本计划从构思到最终确定，再到世博会开幕，前后共经历了长达 15 年的时间。从 2005 年日本爱知世博会的主题是“大自然的睿智”，与开发型的 1970 年大阪世博会相比，爱知世博会被称为 21 世纪的新型博览会。从理念、场地规划、展示内容、建筑材料等，都贯串了保护自然、使用新技术的同时也保护环境、创建生态生活的原则。寻找一种将自然、科技和文化加以平衡的发展途径，实现能源的再使用和废物再循环利用。规划尽可能保存公园内原有的树木和水池，尽量少改变地形地貌。世博会结束后，场地回归原来的面貌和用途，建筑和构筑物使用的材料必须考虑再利用、再循环和无害降解。这届世博会还采用了高科技的交通设

① William McDonough. The Hannover Principles. 摘自 Kate Nesbit. Theorizing A New Agenda for Architecture, An Anthology of Architectural Theory, 1965—1995. Princeton Architectural Press. 409—410。

施，展示未来的智能多模式交通系统和无公害交通系统。

2008年西班牙萨拉戈萨世博会以“水与可持续发展”作为主题，萨拉戈萨是阿拉贡自治区的首府，经历了20世纪60和70年代剧烈的城市化发展。自20世纪80年代末，萨拉戈萨就开始了城市结构改造。2004年5月，在与的里雅斯特和塞萨洛尼基的竞争中，萨拉戈萨以绝对优势获得2008年世博会的主办权。在筹备世博会的同时，萨拉戈萨整治了埃布罗河和其他三条河道，成为城市更新的重要契机，经过多功能开发的埃布罗河重新成为城市公共开放空间的核心。早在1999年萨拉戈萨就开始筹备这次世博会，建造马德里-巴塞罗那高速铁路，各种措施和辅助项目都是为了确保世博会的成功。

一、汉诺威原则与世博建筑

2000年是新千年的开始，这届世博会必然具有特殊的意义，同时也是在德国首次举办的世博会。汉诺威在第二次世界大战时，遭到大规模的轰炸，战后经过杂乱无章的重建。2000年汉诺威世博会的展区规划很好体现了可持续发展的主旨，把保护资源作为重要的议题，世博会的场地选择在城市南郊一个永久性的博览会场地，汉诺威是德国重要的会展城市，具有规模设施相当完备的国际会展中心，因此规划把对原有展区的利用作为首要的原则(见图6-1)。

图6-1
汉诺威世博会总平面图

《汉诺威原则》涉及人类对自然的态度，承认自然对人类活动所造成的生态恶化的敏感性。因而为设计的结果负起责任的概念得以拓宽：包括保护自然系统、人居环境和后代的生存。《汉诺威原则》不仅是设计师要遵循的原理，也是在当今社会条件下应对复杂的环境问题的理想。该原则并非仅是对设计师的一项规定，在当今的环境中工作是一个复杂的过程，而汉诺威原则正是设计师们在复杂的工作过程中所应贯彻的理念。这些理念对那些在“设计、生态、伦理和制造”中从伦理立场所得出的建议做了明确的概括。《汉诺威原则》也是一个有生命力的重要文献，其主旨是改造和发展我们对与自然相互依存的理解，使之适应我们对世界发展的认识。

除了《汉诺威原则》外，这届世博会经过长期的筹备和主题演绎，在 1994 年就提出了总体规划方案。汉诺威世博会总体规划的目标是建设一种"城市型的世界博览会"，注重建筑和景观的融合，整个博览会的场地构成城市化的结构，创造城市的空间。博览会的目标是展现一种全新的概念，试图办成一种不仅仅是临时性的博览会，而是一个能够把博览会的基础设施作为资源来利用，并为城市的发展起推动作用的永不落幕的博览会，确保博览会后这些场馆可以进行后续利用。在建筑形式上，充分发挥各国展馆的特点，形成多样性。

汉诺威世博会于 2000 年 6 月 1 日开幕，10 月 31 日闭幕，博览会展区总面积 160 公顷，其中 90 公顷利用原会展中心区的改造扩建，新设展区仅 70 公顷，这种依托型规划方式在博览会史上尚属首次。155 个国家参加了这届世博会，参观人数为 1 800 万。博览会还纳入了 10 万平方米的主题公园，表现人类、环境、能源、健康、知识等主题内容（图 6-2 是汉诺威世博会广场）。

图6-2
汉诺威世博会广场

这届世博会的主题是"人类，自然与技术：新世界的崛起"（Humankind, Nature, Technology: A New World Arising），副主题是"健康与营养"（Health and Nutrition）、"生活与工作"（Living and Working）、"背景与环境"（Milieu and Environment）、"交流与信息"（Communication and Information）、"娱乐与机动性"（Recreation and Mobility）、"教育与文化"（Education and Culture）。核心是环境与技术进步的关系，展示人类在遵循可持续发展的同时，对人类社会、自然、技术的和谐发展的关注。

汉诺威世博会期间，举行了10次全球性系列对话活动。汉诺威世博会通过4座城市想象出来的生活方式来探索21世纪的城市。这4座城市分别是德国的亚琛、中国的上海、塞内加尔的达喀尔和巴西的圣保罗。

这届世博会的建筑废除了英雄主义建筑的神话，其展馆建筑反映了可持续发展的理想。《汉诺威原则》对于人与城市的关系以及可持续发展具有深远的意义，持续影响了世界博览会的规划和场馆建设。在《汉诺威原则》的指导下，这届世博会的宗旨是：高质量的建筑，人性化的创新景观设计，高超的工程技术成果。它的建筑着眼于面向未来，不仅开发新的能源，也考虑了最大限度地利用自然资源。建筑材料都是可以反复利用的材料，如木材等。对那些由于技术不成熟而没有去进行试验的领域，进行了可供后人借鉴和仿效的探索。在展示21世纪建筑品质的同时，也保持了经济性和生态性的原则。汉诺威世博会第一次提出了保护资源的问题，这是历届世博会从来没有提出过的议题。

名为风巢（Windnest）的芬兰馆由赫尔辛基建筑师萨尔洛塔·纳尔茹斯（Sarlotta Narjus）和安蒂·西卡拉（Antti Siikala）设计，芬兰馆占地3 015平方米，建筑面积为1 875平方米（见图6-3）。展馆内部种植了

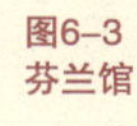

图6-3
芬兰馆

图6–4
芬兰馆内的白桦林

一片来自芬兰的100多棵白桦树，点缀着几块形态各异的巨石。穿过一片白桦林进入展厅，给人强烈的感观印象。这些树都在12~15米高，种植在芳草萋萋的土地上，通过四周的玻璃幕墙与周边相隔。从外边看，两侧四层16米高的展馆就像两个褐色的桦木盒子，桦木经过热处理，中间用木制天桥连接。展馆面对白桦林的墙面采用玻璃，白桦林外侧也有玻璃墙围护。白桦林为展览区疲惫的人群提供了一个平静放松的休憩场所(见图6–4)。博览会后，芬兰馆仍作为综合性的展馆使用。

这届博览会最引人注目的建筑是荷兰馆，在汉诺威平坦而毫无特征的风景中，荷兰馆犹如大草原上的摩天大楼，异常突出。这座建筑就像密斯·凡·德·罗设计的巴塞罗那展览馆、摩西·萨夫迪为蒙特利尔世博会设计的“人居”公寓那样，成为为数不多的世界博览会的伟大建筑而载入史册。荷兰馆由荷兰建筑师事务所(MVRDV)设计，MVRDV事务所由三位年轻的荷兰建筑师韦尼·马斯(Winy Maas)、雅各布·凡·赖斯(Jacob van Rijs)和纳塔莉·德弗里斯（Nathalie de Vries）在1991年创立于鹿特丹，近年来这家事务所以他们的新锐设计为全世界所瞩目。荷兰馆的主题是“荷兰创造空间”，那种分层蛋糕式的造型象征了荷兰的地貌、自然风光和乡村美景，显示了自然与人工的一种错综复杂的平衡，这正是荷兰的现实。荷兰馆的造型设计是MVRDV关于庭院都市模式的实践，建筑师将他们的构思称为“叠加的景观”。荷兰是欧洲人口密度最高的国家，荷兰馆就是他们从事高密度土地利用的最新探索，将各自然文化层用垂直的断层堆集方法构成空间，为人类未来的都市生活提供了一个前所未有的设想。

整个展馆高40米，共五层，每层约1 000平方米。场地的90%用于园艺设计，以自然景观为主。建筑与展示的内容合为一体，把内容、形式和能源利用整合成一个生态系统，创造了一个与传统建筑观念完全不同的空中庭院。荷兰馆具备自给自足的能源和水循环系统，屋顶上的风力涡轮机产生的电力提供照明用电，生成屋顶层的空气穹隆和四层的空气帘幕。五层的辐射热可以储存在屋面上的湖泊中，蒸发的湖水可以用作冷却源。三层的光电帘幕和报告厅的热空气可以使四层的木材得到加温。二层植物园的生物群和一层沼泽中的植物提供辅助的热能，利用新鲜的空气和一层的蓄水作为冷却源（见图6–5）。

荷兰馆由森林、郁金香和混凝土沙丘，构成具有荷兰独特幻想的立体田园，向人们展示在荷兰的生态小区。外观上看，展馆仿佛被取掉四面墙壁的大厦，所有层面都暴露在外。最上层，屋顶上布置水景，水中有小岛和风力涡轮机（见图6–6）。接着顺序看到的是由六个主题："屋顶花园"、"剧场"、"森林"、"根"、"花圃"和"沙丘"构成的犹如考古断层一

图6–5(下左)
MVRDV设计的荷兰馆

图6–6(下右)
荷兰馆的屋顶

样的景观。第五层被称为“多媒体剧场”，展示荷兰人口密度很高的特征。四层是一片充满湿气和绿色的人工森林，由多层构造树木覆盖的空中庭院，柱子全部是由原木支撑，同时设有展览、会议、办公等设施。三层设有电影院、报告厅和设备层，表现“根”的主题，是上一层森林抽象的下部，同时又暗示着支撑着荷兰社会的基础设施，许多从天顶悬下来的、大小不等的圆型空间中穿插播放录像，更有不断变化的彩色灯光增加了迷人的效果。二层是农业经济层和植物园，由无数花盆构成红黄两色郁金香的世界。最下层，也就是第一层是蓄水的沼泽地以及像丘陵起伏一样的“沙丘”，设有门厅、咨询、酒吧和辅助设施。

英国馆没有建新馆，而是租用了现成的工业货棚，展馆的表面用铝合金和玻璃，结合英国国旗的红白蓝三色，以全红、全白、全蓝以及半红半白、半蓝半白这五种色彩组成的圆点平面图案的贴纸，形成华丽别致的形象，使建筑的外表焕然一新(见图 6–7)。以 16 和 17 世纪英国诗人约翰·多恩(John Donne，1572—1631)的诗句“没有人是一座孤岛”为主题进行设计。整个展馆仿佛一个黑匣子，由 4 个不同的主题岛

图6–7
英国馆

图6-8(上左)
坂茂设计的日本馆

图6-9(上右)
日本馆室内

组成，小岛四面环水，小岛之间用桥连接。站在荷兰馆的阴影下，英国馆显得一无是处。世博会后，英国馆改建成办公楼使用。

日本竹中工务店的建筑师坂茂(Shigeru Ban，1954—)认为："纸是一棵生长的树"。他所设计的汉诺威世博会日本馆，没有像通常的世博会建筑那样，注重空间和形式的表现，而是从材料和结构的特性出发来演绎世博会的主题，关注环保和资源的利用。日本馆是既具日本传统又体现可持续发展的纸建筑，其结构来源于回收加工的纸料，这些自然的材料在历时 5 个月的世博会后，还将百分之百加以回收再利用，返回日本做成小学生的练习本(见图 6-8)。主厅拱筒形结构由 440 根直径 12.5 厘米的纸筒呈网状交织而成，体现了日本传统住宅中的障子，即木格纸门窗的意象，舒缓的曲面以织物及纸膜做内外围护，屋顶与墙身浑然一体。顶棚表面是由织物和纸塑料材料制成的半透明薄膜，可以经受各种天气的影响，同时又能让自然光进入室内，产生柔和的室内环境。展馆长 72 米，宽35 米，最高处达 15.5 米，全馆面积 3 600 平方米(见图 6-9)。整个建筑体现了坂茂"零废料"的生态设计概念，建筑如同一个蚕茧，内敛而又稳重，室内空间洗练而又纯净，体现了日本传统空间的精神。坂茂曾经在日本设计了许多纸品建筑，最著名的是他在阪神大地震后为灾民建造的救灾房，这种在几小时内就能组装的临时性纸屋甚至可以持续使用 5 年之久。

由瑞士建筑师卒姆托(Peter Zumthor，1943—)设计的瑞士馆，建筑面积为 3 977 平方米，展馆建筑的题目是“电池”，用来表达充蓄和释放能量的概念。建筑如同一个磁场，聚集并释放音乐家和参观者通过作为共鸣箱的展馆中所举行的各种活动而创造的动态能量。整个建筑好似迷宫一般，四面敞开，近乎露天，象征着瑞士人民的开放，整个建筑仿佛是一个产自瑞士的做工精美的八音盒。一切都是原始的，只是将加工好的 37 000 块横截面为 20 厘米×10 厘米，来自瑞士本土的未干的落叶松木条，以最原始的方式垒积成 12 组架空的 98 堵 7 米高的木垛墙，通过平面的纵横、穿插、组合，构成 3 000 平方米迷宫式的展馆，在举办博览会期间，同时也可以使木材均匀地变干。来自瑞士的不同地区的木材散发出一股清香，由于所有的木材都仅依靠压力和摩擦组合在一起，博览会后，木材拆除后可以在其他地方再利用。瑞士馆把空间、声响和各种展示充分融合在一起，创造出一个事件性的场所。从展览的第一天一直到结束，随着参观的人群，季节、风和天气的变化，它呈现出不同的姿态，给人以最真实的体验和感触，而所有这些都仿佛发生在一个音乐盒之中。迷宫似的结构开敞而通透，穿插着通道、内院和中厅。光线作为建筑的第五维度，它将单色的墙体结构变成精美的光影图案。在这里，风、雨和阳光随意的进出，创造出不同的空间体验(见图 6-10)。

图6-10
卒姆托设计的瑞士馆

西班牙馆(Pabellón de España)在这届博览会上具有特殊的品质，它那柔和的暖色调吸引了人们的注意。西班牙馆的建筑师是安东尼奥·克鲁兹(Antonio Cruz，1948—)和安东尼奥·奥尔蒂斯 (Antonio Ortiz)。建筑师认为，一般的观念仅仅把世博会建筑看作是临时的、直白的建筑，他

图6-11(上左)
克鲁兹和奥尔蒂斯设计的西班牙馆

图6-12(上右)
西班牙馆室内

们则反其道行之，试图创造一座能让人们感知并理解这是需要时间和努力的建筑。展馆的平面呈正方形，从外表看展馆像一块巨大的随意切成几何形体的软木，这是一幢软化的建筑，而不是某种密封的建筑。有着凹陷的象征可持续发展的缝隙，一道横贯展馆的低矮的过梁放在不规则布置的柱子上（见图 6-11）。穿过门廊之后，人们突然进入一个白色的、绝对规整的公共敞开空间，给参观者一个料想不到的效果，从这个公共空间可以方便地进入周边的三个展馆。室外的软性空间和深色的门廊，与室内亮堂的白色形成对比。室内空间带有些微的庄重，然而又不失人性化。厅内陈列了莱罗（Leiro）浅红色的雕塑，这座雕塑有助于使空间的戏剧性效果不那么显著。参观路线沿着一条坡道上升到二层展馆，人流围绕着一个采光天窗移动。一旦人们来到顶层，从展馆背后的缝隙可以看见室外时，就会感知室内空间的丰富性和复杂性（见图 6-12）。

考虑到这届博览会的主题，以及博览会后展馆要拆除的规定，展馆的大部分建筑材料可以直接再利用，甚至展馆的基础也为此用砂建造。立面的材料是软木，这种材料从未在建筑立面上用过。从生态的观点来看，软木几乎十分完美，地中海沿岸，尤其是西班牙有丰富的软木资源，软木又是卓越的隔声和隔热材料，同时又耐火，色彩暖和，视觉上也很吸引人。又方便加工和安装，便于切割、折叠，也适合再利用。克鲁兹和奥尔蒂斯事务所设在塞维利亚，他们的作品遍布西班牙，在德国、瑞士、荷兰、葡萄牙等国均有作品建成。著名的有马德里田径场(1889—1994)、塞维利亚圣胡斯塔火车站(1887—1991)、瑞士巴塞尔火车站(1997)等。

葡萄牙馆仿佛一朵飘浮的云,葡萄牙馆由葡萄牙著名建筑师阿尔瓦罗·西扎设计,美观而又朴素,丝毫不因为是临时建筑而偷工减料。此前,西扎已经设计了1998年里斯本世博会的葡萄牙馆(1995—1997)。汉诺威世博会的葡萄牙馆呈矩形展开,由一个近乎方形的主体加上一个侧翼构成,严谨的体型与展厅曲线型的屋顶形成了强烈的对比。一个带顶的U形廊道围合出一个室外广场(见图6-13),引导着参观者步入展馆。用深红色砾石铺装的前庭使人联想起葡萄牙传统的节日广场,这种广场的意象也在室内得到体现。展馆的室内空间是一个封闭的方形大厅。曲线型屋顶由一个立体框架承托,像自然丘陵,起伏蜿蜒,屋顶仿佛空中飘浮的云朵,上面覆盖着半透明的薄膜,使白天透进来的自然光变得柔和,而夜晚内部的灯光使整个建筑更加璀璨。立面的色彩和材料的应用十分大胆,玫瑰色的大理石和显眼的黄色和蓝色的瓷砖呈现出强烈的对比,葡萄牙馆同样选择了15厘米厚的软木作

图6-13
西扎设计的葡萄牙馆入口广场

为墙面的装饰材料。由于建筑设计的杰出成就，阿尔瓦罗·西扎曾于1992年获得普里兹克建筑奖。

匈牙利馆的建筑师是哲尔吉·瓦达兹(György Vadász)联合建筑师事务所，由两瓣20米高的雕塑般的弧形建筑围合成一个内广场，建筑以红杉木作为面层，两部分建筑之间张拉着油布帐篷(见图6-14)。展馆设在地下，弧形建筑内隐藏着走廊、楼梯和技术设备，同时也布置了称为"大观园"的展览。广场上点缀着匈牙利艺术家的雕塑作品。面向内广场的外壳有几处可以打开，露出电影屏幕和展示内容。

奥斯陆建筑师威廉·蒙特-卡斯(Wilhelm Munthe-Kaas)设计的挪威馆由展厅和服务中心两部分组成。挪威馆建筑最突出的是立面上高15米的模仿挪威峡湾的瀑布，参观的人群可以在瀑布后面穿行(见图6-15)。建筑外表覆以铝板，与服务中心外表的木质表面成对比。室内有一间立方体形状的15米高的"静室"，展示挪威馆的主题："环

图6-14(下左)
瓦达兹设计的匈牙利馆

图6-15(下右)
蒙特-卡斯设计的挪威馆

图6-16(上左)
杜兰德-昂里奥设计的阿联酋馆

图6-17(上右)
比瓦斯设计的委内瑞拉馆

境——能源——技术”,可以让参观者在这里静思。展馆有两层,每层的面积为 12 米×70 米，里面有一个会议中心和一间顶级的海鲜餐厅。建筑采用装配构件制作,博览会后可以拆除并运回挪威,用作旅馆的辅助设施。

阿联酋的大沙漠展馆的主题是“从传统到现代主义”,整个展馆仿佛一座阿拉伯的要塞,入口处有两座 18 米高的门楼,大门两边还装备着大炮，那里的 60 棵棕榈树和沙子是用一架空中客车专门从沙漠运来的(见图 6-16)。阿联酋馆的建筑师是来自阿布扎比的阿拉因·杜兰德-昂里奥(Alain Durand-Henriot),整个建筑用可以降解的玻璃纤维建造。展馆内有一间 23 米高的 360°球幕电影院。

建筑师弗鲁托·比瓦斯(Fruto Vivas)设计的委内瑞拉馆的主题是“献给世界的委内瑞拉之花”。展馆的屋顶在合拢时宛如一朵含苞欲放的花蕾,打开时就像绽放的有 10 个巨大花瓣的鲜花,建筑的外墙用玻璃幕墙围合(见图 6-17)。

哥伦比亚馆由来自波哥大的建筑师丹尼拉·博尼利亚(Daniel Bonilla)设计,整个展馆由两部分完全独立的部分组成,20 根树形的钢柱构成的树林般的开敞式主展馆位于前部，每根钢柱顶部有 12 个分

图6–18
博尼利亚设计的哥伦比亚馆

叉,表面覆以柚木,模拟哥伦比亚的热带雨林(见图 6–18)。辅助部分位于后面,造型十分简单,墙面采用木材和竹子等天然材料。

许多国际知名的建筑师为汉诺威世博会的建筑设计作出了贡献,例如法国建筑师让·努维尔设计的主题馆"未来工作"、"机动性",日本建筑师伊东丰雄设计的主题馆"未来健康"。

在汉诺威世博会上,德国建筑师起了重要的主导作用,除总体规划外,他们承担了德国馆、希望馆、电信馆、环球大厦、多功能中心、办公楼、世博广场、基督馆、能源馆、贝塔斯曼媒体中心以及 8、9、13、26 号展馆等的设计,许多国家的展馆如埃塞俄比亚馆、非洲馆、南非馆、安哥拉馆、撒哈拉地区国家馆、肯尼亚馆、乌干达馆、加勒比海共同体馆等,也是德国建筑师的作品。

这届博览会上最有趣而又精妙的建筑要数世博屋顶(EXPO Roof),又称"大木伞",坐落在宽阔的人工湖旁,覆盖着 1.6 万平方米的一块场地。无论是建筑造型或者是结构,"大木伞"都是这届博览会的标志性建筑。"大木伞"由 10 把高 20 米、巨大的起翘的木伞组成,每把木伞覆盖着 40 米×40 米的面积。每根柱子由四棵来自德国黑森林的杉树组成,中间是落水管。它的承重结构十分大胆,具有创造性

（见图 6-19）。屋顶是一种可以回收利用的塑料薄膜，这种薄膜能够透过阳光，但是又能防止过度的太阳辐射。大木伞下设置了餐饮设施，从这里可以观看世博湖上的激光水幕表演（见图 6-20）。大木伞的设计师是德国建筑师托马斯·赫尔佐格（Thomas Herzog，1941—），赫尔佐格还设计了2000 年汉诺威世博会的办公楼、26 号展馆等。

德国馆代表了德国的形象，建筑造型并不出众，但是在整体上显示出非凡的魅力。建筑师是来自腓特烈斯港的约瑟夫·文特（Josef Wund），他同时也是德国馆的投资者。德国馆长 130 米，宽 90 米，高 18 米，以钢、玻璃和木材作为基本的建筑材料，内凹形的玻璃墙面的透明象征着民主和进步，同时也是一种非凡的技术上的创造（见图 6-21）。展馆内设置了剧院、接待室、贵宾室、办公区、新闻中心和餐厅。

图6-19(左上)
托马斯·赫尔佐格设计的大木伞

图6-20(右图)
大木伞细部

图6-21(左下)
文特设计的德国馆

1999 年建成的 13 号展馆由德国建筑师库尔特·阿克曼(Kurt Ackermann,1928—)设计,靠近西出入口的 13 号展馆成为整个世博会总体规划的南部轴线的重要组成部分,参观者一进博览会会场,首先见到的就是 13 号展馆的体量(见图 6-22)。整个建筑长 226.26 米,宽121.26 米,高 18.6 米,面积约为 27 400 平方米。13 号展馆既适用于 2000 年世博会,又能满足世博会后汉诺威博览会的需求,对城市的发展具有重要意义。设计既要结合城市的环境,满足建筑限高的要求,呼应现有的会议中心和其他展馆,又要考虑建造经济、功能实用的要求,而且必须节约能源,符合可持续发展的环境要求。阿克曼在设计竞赛中,从 8 个方案中脱颖而出,设计考虑了参观者在展馆内有一个良好的环境,设计考虑了展馆的灵活使用,以满足各种展览、会议、音乐会、网球比赛等的要求。辅助设施和办公室等设在展馆四个角部的 6 个混凝土核内。建筑的外壳设置了复杂的空调系统以确保环境的舒适,空调机组设置在建筑西端,保证在展馆运行过程中得到足够的自然通风,同时在屋顶上装设了通风天窗。建筑材料均符合生态评价标准,设计利用了可再生能源,灵活运用天然采光和人工照明(见图 6-23)。

汉诺威世博会上的许多装置、街具和设施显示了德国设计的卓越水平和创造性。

图6-22(下左)
阿克曼设计的13号展馆全景

图6-23(下右)
13号展馆局部

图6-24
爱知世博会海报

二、爱知世博建筑的睿智

2005年3月25日至9月25日举办的日本爱知世博会的主题是：自然的睿智（Nature's Wisdom），三个副主题是：自然的起源、生命的艺术、循环型社会（The Origin of Nature,The Art of Life, The Cycli-type Society）。这次世博会又称为"环境博览会"，面向21世纪的技术和生态环境问题。爱知世博会提出的响亮口号"让地球充满微笑，让地球美梦成真，让地球光彩照人，让地球声形并茂"更是动人，充满诗意（见图6-24）。

2005年日本爱知世博会设在爱知县的濑户市、长久手町以及丰田市，世博会园区位于名古屋市以东20公里，原青少年公园的位置上，这是一片地形起伏的丘陵地带，最大高差近40米。基地总面积约173公顷，包括长久手主会场158公顷和濑户分会场的15公顷用地。121个国家参展，2 205万人参观了这届世博会。日本政府延续了以往以世博会带动地区经济复兴和发展的思路，试图借此振兴日本中部的经济。会场的建设将最小限度地影响现存环境条件，以保证丰富多彩的交流和表现。

紧扣"自然的睿智"这个主题，爱知世博会组织了世博会有史以来首次接力式的专题研讨会及系列主题活动，讨论这届世博会的主题。每月举办一次国际研讨会，主题为"创建可持续发展的社会"，邀请各国著名专家参加。同时举办由研讨会相关人士参加的讲习班和访谈会、音乐会等活动。在世博会展览期间，在爱知工业大学创办"21世纪·世博大学"，邀请各界代表就"科学与人类存在的方式"这一问题提出决议，一共举办了13场活动，并邀请宇航员、哲学家等到场，邀请诺贝尔奖获得者举办论坛，共同探讨 21 世纪地球面临的重大课题。

从世博会的理念、场地规划、展示内容、建筑材料等，都贯穿了应用高科技但不破坏自然，使用新技术又保护环境，创建生态生活的原则。主办者严格遵守能源的再使用和废物再循环利用的原则，在开始建设时，就设法避免从会场外运入沙土，也不准将沙土运出。计划砍伐的 1 万棵树木中，2 000 棵直接移植到会场内，2 000 棵移植到其他地方，被砍伐的 6 000 棵树木用作架空平台的铺板予以利用。各国展馆采用可以组合、解体、再利用的模块方式，博览会结束后，这些展馆可以在别处重建，场地回归原来的面貌和用途，会场内的 13 个嬉水池和蓄水池全部予以保留。这届世博会还采用了高科技的交通设施，展示未来的智能多模式交通系统和无公害交通系统（见图 6–25）。

最初，这届博览会的总体规划构思由三位著名的日本建筑师完成，他们是团纪彦（Dan Norihiro，1956—）、隈研吾（Kuma Gengo，1954—）和竹山圣（Sei Takeyama，1954—），规划首先考虑如何解决城市发展和保护自然环境的矛盾。结合道路的建设，在 1997 年规划了一座世博会

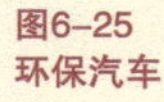
图6–25
环保汽车

后能容纳2 000户居民的集约式生态城市，世博园区的东面和南部各有一座生态公园。最终的实施方案将世博园区的面积缩小，并分成两个园区，园区之间相隔3公里，同时，也取消了规划中的生态城市。长久手园区包括中心展区、日本区、六个国际展区、两个企业馆展区、娱乐和文化区、森林感动区（见图6–26）。

日本区由日本馆、爱知县馆和名古屋市馆组成。日本馆占地8 029平方米，建筑面积为5 947平方米，由日本设计株式会社的彦坂裕（Hikosaka Yutaka，1952—）设计。地球塔和日本馆表达了重新连接渐渐疏远的人类与自然的关系，建筑物的表面用三万株竹子的竹条编织而成，远远望去，犹如一个巨大的"蚕茧"，朴实而又自然，其构思源自竹笼。建筑师比喻这个笼子是地球表面的大气层，用以调节环境的装置。"蚕茧"使展馆可以避免直射阳光，并通过墙面绿化和间伐木材节省能源，在炎热的夏季，构造良好的自然通风环境，这个系统可以减少40%的直射阳光，整座建筑物可以说是一座新技术和传统材料的试验场。竹笼最长为93.5米，最宽处为73.5米，高19.47米，共用了日本九州及关东地区产的竹子23 000根，是目前世界上最大的竹建筑（见图6–27）。竹子均经过特殊加工，克服了易裂易腐的缺点。竹子之间的连接不用金属，而是依靠自身相互缠绕，或用麻绳捆绑。

图6–26(下左)
长久手主会场总平面图

图6–27(下右)
彦坂裕设计的日本馆

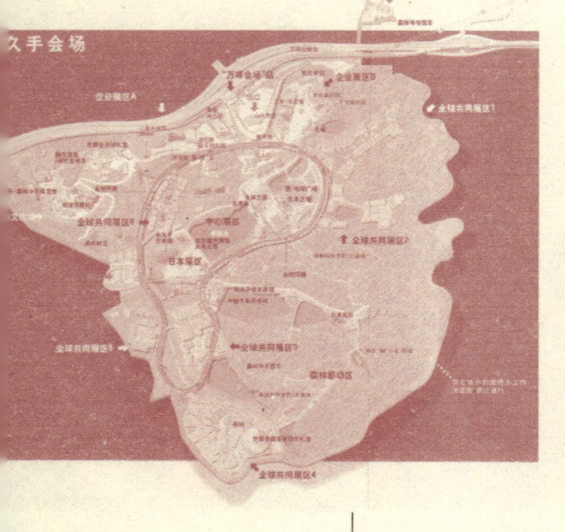

展馆的内层是一个双坡屋面的二层木结构，屋顶上覆盖的是一种源自日本民居竹瓦。为保护山林，利用间伐材，木结构的束柱、组合柱以及箱形梁都是利用间伐材，用竹制的暗榫或粘接剂将间伐材连接成结构构件，不仅有效利用了材料，同时也创造了特殊的室内空间效果（见图 6-28）。日本馆也采用了高科技的新型绿色建筑材料，如内层建筑的北墙用的是新型墙体，它是由聚乙烯乳酸塑料、发泡缓冲材料和空气泡构成。这些材料用淀粉和食品废弃物制成，所以在建筑废弃后，经过粉碎和发酵，在不到一个月的时间内，就会在微生物的作用下还原为原生土。展馆内的地坪采用节能的低温烧制的地砖，表面有足够的强度，在移到室外两年左右，也会还原成土壤。

爱知县馆位于日本展区的南侧，由浦野建筑设计事务所设计，面积约 2 000 平方米，建筑模仿日本传统节日中的山车。整个建筑刻意表现传统文化和节日气氛的日本式舞台，面向节日广场的舞台上方伸出一块长 12 米、宽 20 米的巨大挑檐（见图 6-29）。展馆的东西外墙上装饰了 600 个被称为真情灯笼的装饰物。

名古屋市馆是一座 47 米的高塔，又称“大地之塔”，成为爱知世博

图6-28(下左)
日本馆室内

图6-29(下右)
爱知县馆

图6-30(上左)
大地之塔

图6-31(上右)
三菱未来馆

会的标志(见图 6-30)。“大地之塔”的设计理念是“让人们感受大自然的光、风、水所创造的艺术”,在塔高 40 米处装设了 3 枚直径为 10.5 米的透亮圆盘,里面灌注了各种颜色的液体，圆盘转动时，形成了世界上最大的万花筒。“大地之塔”的外墙材料用废水处理时产生的污泥作为原材料，广场的地面铺装材料也是用垃圾焚烧后的残渣作为骨料烧制而成。墙体表面涂了光触媒金属材料,在雨水冲刷下,会自动洗净。

企业馆在爱知世博会上扮演着十分重要的作用,最为突出的是三菱未来馆、丰田集团馆和三井·东芝馆。三菱未来馆的外观是由一面墙壁包卷的建筑，表现螺旋上升和无限延伸(见图 6-31),馆内有世界首创的全新影视空间——IFX 剧场。三菱未来馆在回应爱知世博会的主题时,为减少用材以及考虑拆除后的再利用,建筑基础没有采用桩基。墙体承重结构所用的钢材采用搭建脚手架的钢材,世博会后可以循环利用。此外,外墙应用了岩石、塑料瓶、竹子、植物等可再生和再利用的材料,室内地面也用土和木屑铺装。建筑的墙面和屋顶上栽种了与季节相配的各种植物，一方面呈现出生机盎然而又丰富多彩的景象，同时又能起降温的作用，从而减少能耗。

充满了科幻感的丰田集团馆以“地球循环型展馆”的理念建造，体现“零排放”的可持续设计。展馆的主题是介绍 21 世纪“与地球共生的移动方式”、“全球规模移动的喜悦与梦想，移动之魅力”。高达 30 米的展馆外墙利用旧报纸和树脂膜等材料制成的 6 毫米厚再生纸板，外面的框架是钢结构（见图 6–32）。展馆内壁采用能吸收二氧化碳的植物材料——孟买麻，这种材料能够净化空气，提供一个舒适的环境。

三井·东芝馆是以感受地球为目标建成的展馆，其主题是探索如何将作为一个生命体的光辉地球交给下一代。展馆应用了多种地球元素，外墙用水覆盖，充满清凉感（见图 6–33）。

紧挨着世博会北大门的奇趣电力馆的外墙装饰十分鲜艳，上面的图案以“我们的梦想”和“地球的未来”为主题，从募集的 5 933 幅儿童画中选出来的 30 幅充满想象的绘画（见图 6–34）。展馆的等候区设在

图6–32(上左)
丰田集团馆

图6–33(上右)
三井·东芝馆

图6–34(下图)
奇趣电力馆

图6-35
日立集团馆

建筑的前部，是一个以鲜花、流水、清风和太阳为主题的广场。

日立集团馆是一个正方体，中间一部分装饰成一个峡谷，一条人工河从溪谷中奔流直下，给人强烈的视觉冲击（见图 6-35）。

六个国际展区按照联合国的地区划分，相互之间用宽 21 米、周长 2.6 公里的架空平台加以连接，使博览会的会场变成一座立体的小城市。由于总体规划将各国展馆成组布置，许多建筑连成一片，而且展馆都是临时性建筑，独立展馆很少，各国展馆只能在门面上加以创造性的装饰。因此，建筑在爱知世博会上的重要性已经让位给理念的展示。

博览会上比较优秀的国家馆是西班牙馆，该馆由扎埃拉和穆萨维（Zaera & Moussavi）建筑师事务所的亚历杭德罗·扎埃拉-波洛（Alejandro Zaera-Polo, 1963—）设计。西班牙馆的基地相对而言比较独立，可以让建筑师从整体上加以表现。建筑师试图表现在日本的西班牙文化，考虑到西班牙的传统文化就是地域文化的融合，一方面是影响欧洲历史的犹太-基督教文化，另一方面，伊斯兰文化也曾深刻地影响了西班牙文化。因此，设计将西班牙的历史遗产和对未来的构想结合在空间元素中，这些空间元素是庭园式、教堂和礼拜堂，拱和券，格架和窗饰等。空间的序列仿佛是教堂的中廊和小礼拜堂的序列关系，建筑师设计了六种不同单元组成的格架，以六边形网格为基础，分别对应一种色彩，这六种色彩源自西班牙国旗上的红色和黄色系列，代表着葡萄酒、玫瑰、血液（斗牛）、阳光和沙滩等与西班牙相关的色彩，创造出一种连续多样的模式（见图 6-36）。考虑到日本人对西班牙文化的认同，主门厅设计成红色，同时又在馆内设置了一件西班牙服装品牌 Loewe 商店，这是最受日本人欢迎的西班牙品牌。展馆的外墙采用西班牙用再生材料生产的 1.5 万块六角形的陶瓷釉面砖，格子墙高 11 米，厚 25 厘米，其效果犹如一个色彩斑斓的“大蜂巢”（见图 6-37）。扎埃拉和穆萨维建筑师事务所近年来另一件闻名世界的作品是 2002 年设计的日本横滨国际客运港。

英国馆以独一无二的英国式花园、艺术与创意的结合给参观者留下深刻的印象，是整个博览会唯一修建室外庭院的展馆，属于最受欢迎的展馆之一（见图 6-38）。

美国馆的立面是巨大的发光二极管屏幕，数千盏发光二极管拼成一面鲜艳的美国国旗，星条旗和文字在屏幕上滚动，效果十分醒目，立

图6-36(下左)
爱知世博会的西班牙馆

图6-37(下右)
西班牙馆的格子墙

图6-38(上左)
英国馆的院墙

图6-39(下左)
美国馆

图6-40(上右)
加拿大馆

图6-41(下右)
荷兰馆

面右上角的大屏幕则实时展示来自美国的影像(见图 6-39)。美国馆的主题是“富兰克林之精神”,展馆内部有一座巨大的 360°环绕式影院。

加拿大馆的外观十分简洁,蓝白底色的外墙上不规则地贴着 7 片大大小小五颜六色的枫叶，展馆前有一棵钢架制作的红枫叶脉雕塑，其效果使人们在很远处就能识别加拿大馆(见图 6-40)。

荷兰馆也同样醒目,外墙上插着立体的郁金香,外墙立面上镶着荷兰代夫特生产的闻名世界的蓝瓷砖画(见图 6-41)。

韩国馆以“生命之光”为主题,展馆的正立面以红、蓝蝴蝶组成的

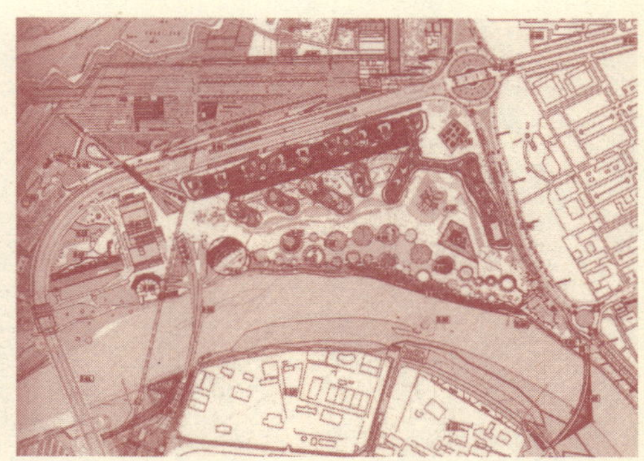

巨型太极图和传统的长方形风筝图案为母题，表现出现代与传统的结合(见图 6-42)。

图6-42(上左)
韩国馆

图6-43(上右)
萨拉戈萨世博会总平面图

三、萨拉戈萨世博水城

2008 年 6 月 14 日至 9 月 14 日，西班牙中部地区城市萨拉戈萨举办了主题为“水是可持续发展不可或缺的要素”的世博会。105 个国家和 3 个国际组织参展，博览会位于埃布罗河弯处的米安德罗公园，占地面积约 25 公顷，600 万人参观了这届博览会(见图 6-43)。世博会后，整个地区将吸引科学与技术公司落户，形成商务区。

萨拉戈萨曾经举办过 1908 年西班牙语法语世界博览会，目的是纪念萨拉戈萨在西班牙独立战争中遭受拿破仑围攻 100 周年。100 年后的萨拉戈萨再度举办世博会，有着承上启下的意义。

萨拉戈萨世博会是一届认可类博览会，在展馆建筑的布局和处理上同爱知世博会有些相似，除个别展馆外，绝大部分展馆都只是以立面的处理和装饰来加以表现。萨拉戈萨世博会园址建在一片荒地上，分为 25 公顷的展览区和 120 公顷的“水公园”，“水公园”是从当地自然条件出发的景观工程，整个园区位于西班牙第一大河埃布罗河畔(见图 6-44)。

水及其可持续利用是生命延续、人类文明发展和自然空间维护的

图6-44(左上)
萨拉戈萨世博会全景

图6-45(右图)
扎哈·哈迪德设计的桥馆

图6-46(左下)
桥馆的表皮

重要因素。萨拉戈萨世博会的主题分为一个贯穿始终的主题和三个分主题。萨拉戈萨世博会设置了三个主题展馆,“桥馆”展示“水,独特的资源”,“水塔”展示“水,生命之源”,“淡水水族馆”展示“靓水景色”。

萨拉戈萨世博会对当代建筑的追求是创造不同于现有的建筑,萨拉戈萨世博会需要标志性建筑,或者说“哇-建筑”(Wow-architecture),希望创造建筑的里程碑。伊拉克裔英国建筑师扎哈·哈迪德设计的桥馆建在埃布罗河上,将河两边的城区连接起来,不仅是城市的基础设施,同时又是一座展馆(见图 6-45)。桥馆的造型犹如有三根茎的剑兰,哈迪德通过富有创意的设计将人行通道和展示空间结合起来,将展区入口和展馆同时放置在一个宽大的帐篷下,多层的通道构成复杂的室内空间。室内展示水资源的紧缺、水资源的合理利用以及水资源的未来前景等一系列问题,极具启发性地把水资源和人的生存权利联系在一起。桥馆建筑的表皮受鲨鱼皮的启示,不仅是因为其花纹,也由于鲨鱼皮的卓越特性(见图 6-46)。桥馆的表皮采用层层叠叠面板构成复杂而优美的图案,部分面板为中悬构造，可以开启，以利通风并调节入射光线。项目建筑师是曼努埃拉·加托（Manuela Gatto），桥馆的工程技术由英国奥雅纳工程咨询公司承担。

“水大厦”馆又名“水塔”，酷似一片巨大的风帆（见图 6–47）。76 米高的“水塔”不但是三个主题展馆之一，还是本届世博会的标志性建筑，主题词是“以别样的视角观看世界”。“水塔”由建筑师恩里克·德·特雷沙（Enrique de Teresa）设计，“水塔”的平面形状宛如一滴水珠，建筑的下部有一个很大的基座（见图 6–48）。全玻璃的外墙在白天看上去透明、坚固而富有活力，夜晚整个建筑变成一座耀眼的灯塔。内部有一个 60 米高的中庭，大楼的下面是展厅，顶部是观景台，只有依墙而建的螺旋步道。整个下层展厅的中心是一组滴水的玻璃管从上方垂下，水滴沿玻璃管流下，滴入一个巨大的圆形水池。下层展厅的四周是各种形式的视听装置，在大屏幕投影上用各种语言反复播放“水的起源”。

图6–47(下左)
德·特雷沙设计的“水塔”

图6–48(下右)
俯瞰“水塔”

“水塔”展览的主题是“水,生命之源”。乘自动扶梯向上约三层的高度,就进入了上层展厅,除了依墙而建的螺旋步道,上层展厅是一个高达 23 米、名为“飞溅”的巨大雕塑,宛如一瞬间正在溅出的水花,隐喻着“生命来到我们这个星球”。顶层有一个大型的观景平台,在这里可以俯瞰整个园区。世博会后,“水塔”用作博物馆以及与公园有关的公共服务总部。

以“道德经”命名的淡水水族馆表达了天人合一、人类与水和谐相处的理念。建筑师是阿尔瓦罗·普兰丘埃洛(Álvaro Planchuelo),由分别代表全球 5 大生物 5 组立方体相互错落组成,展馆建筑面积为 7 850 平方米。展馆内,设计了 50 个主题鱼缸,大约装了 300 多万升的水。人们可以穿越全长 600 米,以世界五条著名河流命名的通道:尼罗河、湄公河、亚马孙河、墨累达令河和埃布罗河来游览河流风景。立面上有瀑布在流淌,水来自屋面平台上的大水池,同时用磨砂玻璃幕墙象征冰河,以褐色面砖的墙面象征干旱。在水族馆内,参观者通过声音、鸟叫声、湿度,甚至雾气变化来感受不同的生态环境。同时,这还是欧洲最大的淡水水族馆,号称“世界上最大的鱼缸”(见图 6–49)。

图6–49
淡水水族馆俯瞰

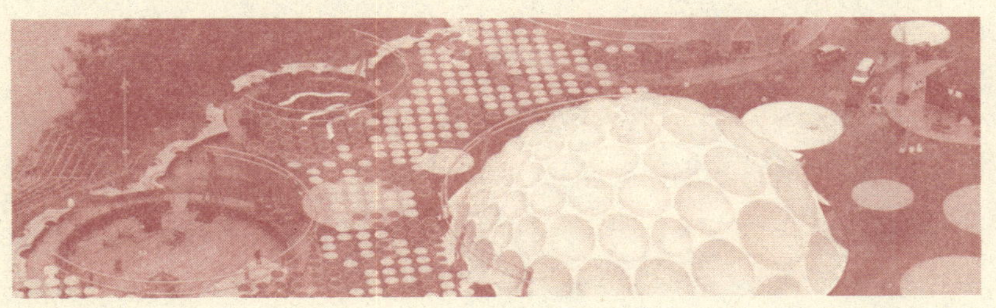

图6-50(上图)
主题广场全景

图6-51(下图)
生态图形座椅

除了三个主题展馆，萨拉戈萨世博会还设立了6个有自己独立主题的主题广场，称之为“生态大道”，6座建筑分别命名为“干旱”、“水之城”、“水之极端”、“家园、水和能源”、“水资源共享”和“水之启示”。各种建筑外型新颖，富有创意，建筑的平面都采用圆形，象征水滴，建筑的形状也都与“水”相关，在世博会期间展出不同的内容。这些展馆布置在桥馆和西班牙馆之间，以便从不同的角度增强关于人类与水的关系方面的信息(见图6-50)。

“生态大道”上用各种不同的通透的遮阳和喷雾设施，以及植被等，使气温降低10℃左右，尽量使参观者在萨拉戈萨干热的气候条件下参观博览会能感到舒适。广场上设计了趣味十足的生态图形座椅，总长675米，宽210厘米(见图6-51)。

水之极端馆略带夸张的造型模拟了海啸的波浪，隐喻水的危害和破坏力，外表用不规则的三角形随机拼贴而成，造成室内外混沌的肌

图6-52(上左)
水之极端馆

图6-53(上右)
水之城

图6-54(下图)
曼加多设计的西班牙馆

理效果(见图 6-52)。

水之城是主题广场空间最为丰富的展馆，仿佛是一座露天电影院，参观者沿着坡道上下，观众面对的不是屏幕，而是为参观者提供了一次在与水相关的城市的旅行。从参观步道上还可以欣赏埃布罗河以及比拉尔圣母大教堂的景色，整个展馆上空悬挂着无数片红色和黄色的人造叶片，给人以欢乐的气氛(见图 6-53)。

弗朗西斯科·曼加多(Francisco Mangado)设计的西班牙馆是萨拉戈萨世博会最优秀的建筑之一，西班牙馆位于博览会中十分突出的中心位置，主题是“科学和创造”，力图展示一个动态、现代、科学和具有创造性的西班牙(见图 6-54)。西班牙馆的构思是“水中升起的竹林”，展馆严格按照节能要求建造，顶部巨大的屋盖为建筑提供遮阳，大量的柱子是钢结构外面套上陶土管，柱子立在水池中，水会沿着陶管向上渗透，又将水分向空气中蒸发，提供湿润而又阴凉的小气候环境（见图 6–55）。世博会后，西班牙馆将用作研究与教育中心。

位于世博园区东北角的阿拉贡馆也是一幢独立的建筑，人们称它是“风景篮”，建筑师是奥拉诺–门多（Olano y Mendo），整个展馆支撑在三个核心筒上，称之为“技术之腿”。这种结构处理方法使底层可以架空作为公共广场。整个建筑有五层平面，世博会期间仅建造三层，其余两层计划在世博会后加建，以用作阿拉贡自治区的部门办公楼。整个展馆考虑了生态建筑和节能的需要，每层平面有 6 个垂直的钢质的采光通风井。建筑立面的材料是平板玻璃和白色玻璃纤维增强混凝土板，其效果仿佛编织成的闪闪发光的篮子（见图 6–56）。下面部分不透明，而上部则是透明的墙面，从顶层室内可以清晰地观看整个世博园区。

由于萨拉戈萨缺乏会展设施，因此在世博园区中心建造会议中心就显得十分必要。由涅托和索韦哈诺建筑师事务所（Nieto & Sobejano Arquitectos）设计的会议中心宛若“一片发光的白色毛毯，为内部连续流动的空间提供保护”（见图 6–57）。整个会议中心包括一个大会议厅、

图6–55(下左)
西班牙馆的柱子

图6–56(下右)
阿拉贡馆

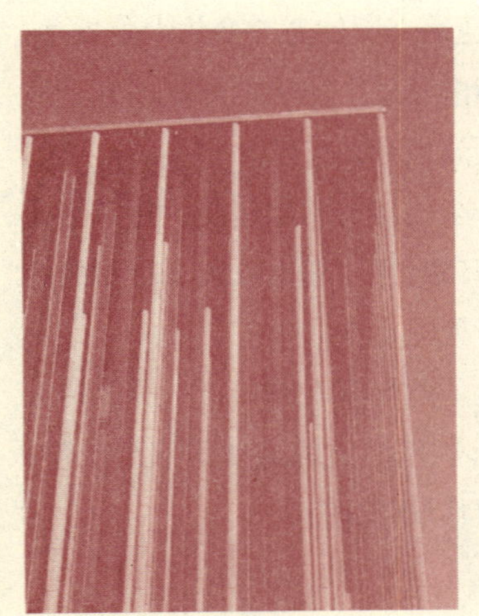

图6–57(左上)
会议中心

图6–58(右图)
国际广场和遮阳篷

图6–59(左下)
露天剧场

一个多功能厅和会议室等，三部分功能区通过一个硕大的前厅相联系。由于工期十分紧张，建筑采用预制装配结构，严格按照模数设计。建筑立面的高差变化十分显著，从3米至22米，产生强烈的动感。玻璃的外立面和金属构架表现出会议中心的开放性和公共性。

国际馆展区是连成一个整体的两层建筑，建筑有宽阔的挑檐，使参观者免受日晒，在广场上设置了巨型的遮阳布篷，为广场提供遮阴(见图6–58)。

萨拉戈萨世博园设置了两座露天剧场，一座供白天演出，另一座供夜间演出，利用河边的坡地做成台阶形，并以埃布罗河作为舞台的背景(见图6–59)。

第7章

世博会与中国馆建筑

1876年费城世博会上第一次出现了中国馆，建筑造型为传统的牌楼式样。此后的历届世博会中国馆都是这种简化的传统建筑式样，或是一个建筑单体，或是一组建筑群，或是宫殿式，或是单纯的一座门楼。除极少数外，历史上的，乃至当代世博会的中国馆，都被看作只是一种展览工程，是广告类的展示，都缺乏建筑师的参与。因此，没有利用世博会的机遇，没有在中国馆的创造上探索现代中国建筑风格，使中国当代建筑的发展缺失了一个极好的机遇。也正因为这样，中国馆的建筑往往用外界对中国形象的认识来展示自己的文化，绝大部分中国馆都只是一种传统符号的堆砌。

图7-1
1867年巴黎世博会的中国牌楼

中国的商人早在1851年和1862年伦敦世博会上就已经亮相，送展的产品获得了不同的奖项。以后，中国的上海、天津等14个城市组织了产品参加1873年的维也纳世博会。但是，这一时期由于尚未设立各国展馆，所以也没有中国馆的建筑。

有两幅图片记述了1867年巴黎世博会的中国牌楼（见图7-1）、茶馆和戏院（见图7-2），这是最早关于世博会中国建筑的图片。

中国人代表中国第一次参加1876年的费城世博会，

图7-2(上左)
1867年巴黎世博会的中国茶馆和戏院

图7-3(上右)
1878年巴黎世博会中国馆

图7-4(下图)
1900年巴黎世博会中国馆

世博会的历史上，首次出现了中国馆。中国馆的建筑面积约880平方米，其标志是一座木质大牌楼，上书“大清国”三字，两边题有对联。大牌楼两侧有东西辕门，上插黄地青龙旗，是典型的官衙型制。展馆内陈设的传统式样的木器、橱柜、家具等十分精致，均为手工制作。

1878年巴黎世博会的中国馆名为“中华公所”，中国馆建筑采用了南方的门楼式样，中央入口的装饰比较华丽，立面酷似中国南方的庙宇(见图7-3)。

在1900年的巴黎世博会上，中国馆的建筑面积达3 300平方米，共有5座建筑，外形分别模拟北京城墙、万里长城、孔庙等中国的著名建筑，正门是一座三开间的牌楼(见图7-4)。

图7-5(上左)
1904年圣路易斯世博会中国馆

图7-6(上右)
圣路易斯世博会中国村

1904年的圣路易斯世博会上，中国政府首次以正式的官方形式参加，清政府正式登上世博会的舞台。中国馆是一组建筑群，复制了这届博览会中国代表溥伦贝子的乡间别墅，包括一座国亭、5间正厅、4间侧厅、一座门楼，门楼外面有一座八边形亭子。国亭被看作是国家的形象，由一座精致的牌楼(作为入口)，一座宝塔以及一所三面开向庭院的建筑组成。建筑的制作相当精美，门上雕花，墙面上镶嵌着象牙雕饰。建筑的色彩十分华丽，应用了猩红、金黄、黑色和蓝色(见图7-5)。作为中国馆的一部分，博览会上还有一座中国村，中国村的入口是一座北方式样的牌楼，两侧为攒尖顶的二层门楼。中国村中有一座表演京剧的戏院，此外，还有一间佛殿、一间茶室和一个中国集市，其中有两间中餐厅(见图7-6)。

1905年比利时的列日世博会，中国共有18个省的30多个城市组织了产品参展。中国馆的建筑占地825平方米，扣除周边道路，实际建筑面积约700平方米。展馆建筑采用北方四合院的型制，包括一座国亭、两间公所和14间市房。国亭的建筑面积为72平方米，建造在一个1米高的平台上，正中有一道3米宽的台阶。国亭采用重檐屋顶，下层屋顶为方形，上层屋顶为圆形，寓意“天圆地方”，是北京一处庙宇的翻版(见图7-7)。正门依然是一座牌楼，居中的拱门上方悬挂了直书“大清国”三字的匾额。牌楼后面有一个周围设置了牌坊的公共广场。中国馆的四周都有出入口，由于中国参展商较多，原有展馆的面积不够，又在博

图7-7(左上)
列日世博会中国馆的国亭

图7-8(右图)
1915年旧金山世博会中国馆

图7-9(左下)
1926年美国费城世博会中国馆

览会的其他场地上建造了中国村，包括两间博物院和十多间市房，此外还建造了一座25米高的宝塔，中国村的入口依然是一座牌坊。

商部头等顾问官张謇作为负责中国参展事务的官员参加了1906年的米兰世博会，会上首次依照清政府制定的《出洋赛会通行简章》，由官方和民间联合自行参加世博会。

为参加1915年的旧金山巴拿马世博会，中国成立了巴拿马赛会事务局，委派了中国参展代表。中国馆为典型的传统宫殿式建筑群，由牌楼、正殿、偏殿和一座5层塔楼组成，正殿采用歇山重檐屋顶，7开间门面（见图7-8）。殿前左右的两座偏殿规模略小，也是歇山重檐屋顶，屋角起翘，入口处有抱厦。色彩浓重，显示了宫殿式建筑的气氛。中国馆的围墙仿照万里长城，有雉堞。

1926年美国费城世博会的中国馆相对于以往的建筑较为简洁，只是在屋顶上稍加装饰（见图7-9）。

由中国人自行设计的1933年芝加哥世博会中国馆采用北京四合院的建筑样式。大门内是一座庭院，左右两院是各省展室，旁边另外有一座演出杂技的戏院，后院是一家中餐馆。中国馆展出了大上海市中心的规划模型等，展示了当年上海的城市建设面貌。

我国台湾省参加了1964年、1967年和1970年的世博会。1964年纽约世博会的台湾馆仿北京前门的箭楼，歇山重檐顶，前面还有一座三开间彩画牌楼，建筑和牌坊均为琉璃瓦顶。

1967年蒙特利尔世博会的台湾馆是一座仿中山陵的五开间建筑，中间有三座圆拱门，绿色琉璃瓦盝顶建筑（见图7–10）。

1970年由贝聿铭先生带领彭荫宣和李祖原设计了1970年大阪世博会的台湾馆（见图7–11），这是一座现代建筑，造型刚毅有力，立面的处理预示着贝聿铭先生设计完成的1978年华盛顿美术馆东馆的立面。当时贝聿铭先生正在设计东馆，两个方案都采用了几何切割手法。

一、1982年以来的中国馆

新中国在1982年首次正式参加诺克斯维尔世博会。中国馆的正立面是一个红色传统建筑柱子组成的门廊，梁枋上有传统的彩画和雀替，馆内有一座八角亭；展馆前面有一座四方尖锥重檐塔，上书中华人民共和国和英文的中国字样（见图7–12）。中国馆吸引了大量的参观者。

图7–10(下左)
1967年蒙特利尔世博会台湾馆

图7–11(下右)
贝聿铭设计的1970年大阪世博会台湾馆

图7-12(上左)
1982年诺克斯维尔世博会中国馆

图7-13(上右)
1985年筑波世博会中国馆

图7-14(下图)
1992年塞维利亚世博会中国馆

1985年日本筑波世博会的中国馆采用了四合院的型制，入口为北方风格的门楼(见图7-13)。

1992年西班牙塞维利亚世博会的中国馆占地2 000平方米，位于这届博览会最重要的第五大道上，中国馆是一座现代建筑，入口处有一座色彩鲜艳的中华门梁枋彩画牌楼，三开间七重檐，琉璃瓦顶(见图7-14)。馆内有一座仿颐和园的八角亭。这个牌楼也出现在1993年韩国大田世博会的中国馆入口上。1998年里斯本世博会的中国馆由于未建独立的展馆，同样在展馆的入口处有一座类似塞维利亚世博会中国馆的牌楼(见图7-15)。这届世博会的澳门馆复制了大三巴的造型作为入口，展馆内模仿中国南方的庭院，布置了一座金鱼池和亭台(见图7-16)。

1999年5月1日开幕的昆明世界园艺博览会是在中国举办的首次认可类世博会，主题是“人与自然——迈向21世纪”。博览会于12月31日闭幕，有68个国家和地区以及26个国际组织参展，会址位于昆明市北部的金殿名胜风景区，占地218公顷，943万人参观了这届博览会。昆明世界园艺博览会，建造了大量的展馆和景观，体现了传统风

格与现代建筑的结合，可以说是有史以来最为成功的世博会中国建筑。博览会以5大展馆为主，包括中国馆、人与自然馆、大温室、科技馆和国际馆。中国馆的主题是“绚丽多彩的中国园林园艺”，占地3.3万平方米，建筑面积近2万平方米。整体风格为白墙绿瓦的南方民居建筑，建造在一个大平台上，展馆由观礼台、主展厅、9个功能展厅、新闻中心、会议接待室和办公服务区组成(见图7-17)。此外，中国馆还包括一个内园，蕴含了中国古典园林的神韵。这届博览会的各国展馆也以园林为主，园林中点缀着少量建筑。例如人与自然馆采用了云南傣族的民间建筑屋顶的式样，予以变化，形成了丰富的建筑造型(见图7-18)。

图7-15(上左)
1998年里斯本世博会中国馆

图7-16(上右)
1998年里斯本世博会
澳门馆内景

图7-17(下左)
1999年昆明世博会中国馆

图7-18(下右)
昆明世博会人与自然馆

图7-19(上左)
昆明世博会温室

图7-20(上右)
2000年汉诺威世博会
中国馆

昆明世博会的大温室试图用单坡顶来表现中国风格，立面应用了大面积的玻璃，建筑的外表采用金属板，也取得了较好的效果(见图7-19)。

在2000年汉诺威世博会上，中国馆建筑采用了与以往世博会中国馆不同的处理手法。中国馆属这届博览会的中等大小展馆，占地3 600平方米，建筑面积为1 875平方米。中国馆由两座功能相异的建筑组成，主体是一座立方体的建筑，三边由U形的展览和辅助设施围绕(见图7-20)。主体建筑中有一座360°的电影院，高8.5米，边长22.5米。中国馆的立面上绘制了万里长城的图像，而且在展馆奠基时，还埋入了一块长城的砖头。中国馆内还有一间纪念品商店和一家中餐馆。世博会后，中国馆内设置了一个中医中心和中国文化中心。

中国馆的主题是“自然、城市、和谐——生活的艺术”，由于2005年爱知世博会的各国展馆都是标准化的建筑，位于亚洲展区的中国馆也只能在建筑立面上表现自己的特点，爱知世博会中国馆比以往的中国馆更为简洁，在色彩上更为大胆。正面是一字排开的12幅巨大的红彤彤的十二生肖剪纸图案，极富装饰性，墙壁下方是泛出青铜色的九龙壁(见图7-21)。中国馆室内应用了饱和的绿色，诠释了从远古的青铜器到“生命之树”的自然内涵。内壁上有一圈长74.5米、高9米的呈双螺旋上升的浮雕墙，镌刻着象征中国五千年历史的兵马俑、编钟、百家姓和《清明上河图》。二层的浮雕墙上嵌有多个大型多媒体电视屏幕，展示中国的12座具有代表性城市的自然、历史、经济与人文景观。生命之

图7-21(上左)
2005年爱知世博会中国馆外观

图7-22(上右)
爱知世博会中国馆室内

图7-23(左图)
2008年萨拉戈萨世博会中国馆

树用中国的宣纸，结合现代影像技术制成，造型模仿自然界水珠溅起的姿态和植物叶脉舒展的形态，以艺术化的手法表现自然界的生机（见图7-22）。

2008年萨拉戈萨世博会中国馆表现中国的水智慧，中国馆展出面积达1 200平方米，是本届世博会参展国中面积最大的展馆之一（见图7-23）。中国馆以“人与水——复归和谐”为主题，展示由“水孕中国”、“水利中国”、“水文中国”、“人与水——复归和谐” 等4个部分组成，通过交互式多媒体演播系统、数码合成虚拟现实装置系统等高科技手段，向人们展示在具有五千年文明史的中国，世代中国人治水、用水的历史、成就和经验，表现中国的水智慧。

中国馆的标志，是中国传统的水纹图案与吉祥图案的组合，吉祥物则是象征平安、幸福的金鱼。馆内有一座呈倒立锥状的巨大的表现中华民族水智慧的水钟，设计者利用从上到下水钟材质的变化，展示了中国从青铜器时代一直到现代社会水与中国文明发生、发展的关系。水钟的对面，则是一幅中国河流的地图，在以"水孕"为名的实物展示部分，陈列了一万年前的水稻种子、水孕仪模型以及有关于水的记载的甲骨文碎片仿制品，中国水利的发展也是中国馆展出的一个重要内容。

二、2010年上海世博会与东方之冠

2010年上海世博会的主题是"城市，让生活更美好"(Better City, Better Life)，2010年中国上海世界博览会，将为中国和上海在21世纪的发展揭开新的篇章。2010年上海世博会的选址位于黄浦江两岸，卢浦大桥与南浦大桥之间的滨水区，规划控制指导范围为6.68平方公里。规划红线范围为5.28平方公里，其中浦东部分为3.93平方公里，浦西部分为1.35平方公里。浦东和浦西的围栏区面积为3.22平方公里，其中，浦东部分2.54平方公里，浦西部分0.68平方公里。世博会园区位置距离市中心约5公里，可以综合利用上海老城厢历史风貌区、外滩及陆家嘴金融贸易区的社会经济和人文资源，并使世博会场馆得到最有效的后续使用。

早在1984年上海就萌生了主办一届世博会的意愿，1999年形成了申请主办2010年世博会的计划，当时计划将世博园区放在浦东的黄楼区域大约2平方公里的地区，在2001年9月14日的国际展览局会议上，中国代表团提出了将世博会选址设在黄浦江两岸卢浦大桥与南浦大桥之间的滨水区的方案，获得了与会各国代表的一致好评。

位于世博会选址规划控制区域内有企事业单位326家和约2.5万户居民，包括钢铁厂、化工厂、修船厂、发电厂、港口机械厂、码头等，其中有严重的污染源，棚户区和质量较差的住宅群与工厂混杂在一起。位于浦西的世博会选址规划控制区域内有大约12家工厂企业，这里曾经是中国近代工业的发源地。其中有中国第一家近代工业企业——成立于1865年的江南制造总局，20世纪初迁至现址。它曾经是中国

的第一家兵工厂,是当时洋务运动的产物,近代中国的第一杆枪和第一门炮都是这里制造的。其中的总办公楼、2号船坞、指挥楼、飞机车间等已被列入第二批上海优秀近代保护建筑名单。在世博会场馆的建设过程中,一些具有历史价值和利用价值的工业建筑、船坞和构筑物将得到有效的保护并计划改造成船舶工业博物馆、商业博物馆和能源博物馆等。世博会的举办将加快城市功能和产业结构的调整,推动新一轮的旧城改造。该地区在上海的总体规划中被确定为公共开放空间,世博会场馆的建设将为黄浦江两岸增添滨江岸线景观,提升浦东西南部地区的城市功能。同时可以迅速启动黄浦江两岸地区改造和更新,促进城市的可持续发展。

在准备2010年上海世博会的申办报告的过程中，上海市城市规划管理局与上海世博会申办办公室在2001年9至10月组织了世博会会址概念性规划,规划要求充分利用原有的工业设施,改造更新并有效地保护历史建筑。规划还将治理环境放在重要的地位,与此同时倡导实验性城市社区的建设,探索新的城市结构理念。澳大利亚建筑师菲利浦·柯克斯（Philip Cox)、意大利卢卡·斯加盖蒂设计事务所(Luca Scachetti & Partners)、法国建筑工作室(Architecture Studio)、西班牙建筑师马西亚·柯迪纳克斯(Marcià Codinachs)、德国建筑师阿尔伯特·斯佩尔(Albert Speer)、日本RIA都市建筑研究所、加拿大DGBK+KFS建筑师事务所等七家建筑师事务所参加了方案征集,此后又有上海的邢同和建筑研究创作室、同济大学建筑与城市规划学院的教授王伯伟与李金生等提交了规划设计方案。所有的九个方案都把生态环境以及城市价值的再发现作为规划的主导要素，计划将上海世博会办成生态环境的样板。经过全面的审查和讨论,选择了由马丁·罗班(Martin Robain)设计的法国建筑工作室的方案作为申办2010年世博会的规划方案提交国际展览局(见图7-24)。

在2002年12月3日的国际展览局第132次全体大会上，中国获得2010年世博会的举办权。2004年4月至7月,上海世博会事务协调局和上海市城市规划管理局再次组织世博会总体规划方案征集，英国的理查德·罗杰斯和奥雅纳咨询公司(Rogers & ARUP)、美国珀金斯建筑师事务所(Perkins Eastman)、同济大学国际联合体、东南大学、香港泛亚易道设计公司(EDAW)、日本RIA都市建筑研究所、德国HPP国际建筑规划设计有限公司(HPP International PlanungsgesellsmbH)、法国建筑工作室、中国城市规划设计研究院、加拿大谭秉荣建筑师事务所(Bing Thom)共10家建筑和

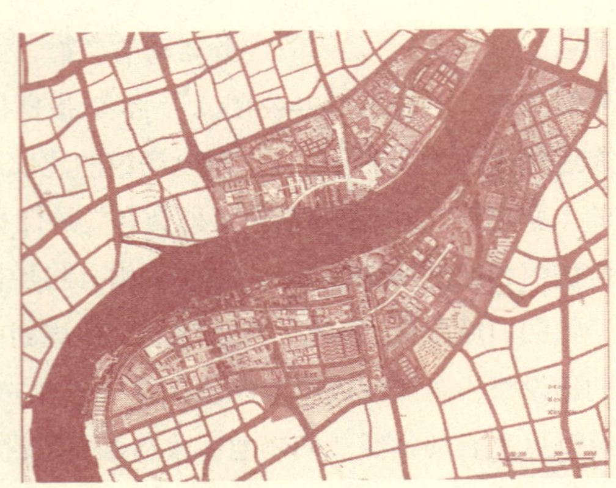

图7-24(上左)
2001年法国建筑工作室的世博会规划方案

图7-25(上右)
2010年上海世博会总体规划

城市规划设计单位提交了方案。理查德·罗杰斯和奥雅纳咨询公司、美国珀金斯建筑师事务所和同济大学国际联合体的方案入选。2004年12月，世博会组委会批准了总体规划（见图7-25），上海市城市规划设计研究院在2005年6月完成了世博会园区控制性详细规划，其中包括18个专项规划，规划总建筑面积约183万平方米。2005年7月开始进行园区的城市设计。2007年又进行了世博会园区场地设计方案的征集。

作为2010年中国世博会的举办城市，上海正在加紧筹备，一大批建筑正在施工，还有许多建筑正处于设计过程中，位于浦西世博轴东侧的中国馆是人们最关心的建筑之一。中国馆在2007年4月至6月的设计竞赛过程中，有344个来自中国大陆、港台和欧美各地的方案应征，经来自北京、天津、西安、南京、广州和杭州等地的专家评选，从中选出了8家方案进行优化，经过两轮专家推荐和一轮招标评审，最终华南理工大学何镜堂院士和清华大学北京清华安地建筑设计公司的方案中选，并予以实施。

中国馆以“东方之冠”的构思主题，表达中国文化的精神与气质（见图7-26）。国家馆居中升起、层叠出挑，高63米，总建筑面积为152 954平方米，其中，国家馆的建筑面积为47 000平方米。国家馆的建筑造型凝聚了中国元素，从色彩到构架，都象征着中国的时代精神，成为城市中的建筑雕塑（见图7-27）。建筑师试图以红色经典表现东方的哲学，以传

统造型诠释现代科技，表现天人合一、天地交泰的哲学理念，正如何镜堂院士所说："东方之冠，鼎盛中华，天下粮仓，富庶百姓。"

图7-26(上图)
何镜堂设计的中国馆

图7-27(下左)
中国馆俯瞰

图7-28(下右)
施工中的中国馆

34个省市和地区馆在平面上展开，以舒展的基座的形态映衬国家馆，成为开放的城市广场，层次丰富，与国家馆相互呼应，共同组成表达盛世大国主题的统一整体。国家馆、地区馆功能上下分区、造型主从配合，形成独特的标志性建筑群体（见图7-28）。

世博会的其他核心建筑世博中心、主题馆、世博演艺中心均由中国建筑师设计，建筑设计力图使形式与功能得到完美的统一。由上海

图7-29(上图)
世博中心

图7-30(下图)
世博演艺中心

华东建筑设计研究院设计的世博中心坐落在黄浦江畔，总建筑面积达14万平方米，它的功能主要是会议中心，包括一个2 000座的大会堂、一间可以召开国际高级峰会的政务厅、一个可容纳5 000人的多功能厅、一个3 000座的宴会厅等（见图7-29）。

犹如“时空飞梭”和“艺海贝壳”的世博演艺中心，由上海华东建筑设计研究院汪孝安设计，建筑面积为12.6万平方米，建成后可以容纳18 000人，是一座适合各种类型和规模演出的多功能中心（见图7-30）。

由同济大学建筑设计研究院设计的主题馆采用单元排比方案，由8个36米×188米的体量组合而成，在造型上，受上海里弄住宅的符号老虎窗和山墙启示，建筑师通过现代设计构成的“折纸”手法，三角形的连续构架和侧天窗的肌理形成了具有韵律感的屋顶造型。主题馆的地上建筑面积为8万平方米，地下建筑面积4万平方米（见图7-31）。

上海世博会的第一件展品将是世博村，世博村的设计方案由德国HPP建筑事务所和同济大学建筑设计研究院提交，在2006年的国际设

图7-31(上图)
主题馆

图7-32(下图)
世博村方案

计竞赛中获胜。方案显示了清晰的规划结构,实现滨水视线最大化,保证南北朝向,利用了基地上的历史建筑和工业建筑遗产,考虑灵活性和满足国际化生活的要求(见图7-32)。

在同济大学唐子来教授规划的面积为15.08公顷的城市最佳实践区中,将展出各国城市的实验性实例,由南至北将形成主题区域、系列展馆和模拟街区三个功能区域,建筑面积约11万平方米(见图7-33)。南区包括主题馆和新建的名为“城市创意广场”的主题广场。原南市发电厂的主厂房和烟囱将被分别改造成名为“城市未来馆”的主题馆和观光塔。中区将利用改造后的老厂房,形成城市最佳实践区的4组展馆,展示领域包括宜居家园、可持续的城市化、历史遗产保护与利用以及建成环境的科技创新。北区将建成一个模拟生活街区,采取实物展示方式,展示城市建设方面的创新成果。在“城市最佳实践区”,有逼真的模拟城市街区,1:1的实物模型让参观者体验全球最具代表性的城市

图7-33(上图)
城市最佳实践区规划

图7-34(下图)
“沪上·生态家”方案之一

实践案例。这是世博会历史上第一次以具体的最佳城市实践案例，在世博会这样的国际盛会上加以展示。计划展示55个国际城市，目前已经有德国的杜塞尔多夫、不来梅，巴西的圣保罗，土耳其的伊兹密尔，英国的利物浦，沙特阿拉伯的麦加，西班牙的马德里，意大利的博洛尼亚、威尼斯，丹麦的奥登赛，瑞士的苏黎世、巴塞尔、日内瓦，中国的香港、台北、成都、西安、宁波等提交了展示方案。

从某种意义上来说，2010年世博会城市最佳实践区承载了所有的标准，成为世博会现在和未来各项成就的创新思想和实践的一个实例。在这个实践区，上海将在“建成环境的科技创新”展示区展出智能化生态实验住宅“沪上·生态家”（见图7-34）。

三、上海世博会的各国展馆

2010年上海世博会将是继2000年汉诺威世博会后，充分表现当代世界建筑的试验场。数十个国家馆都集中了各国建筑师的精华，通过设计竞赛，选择最佳方案予以实施。一方面通过展示策划诠释世博会的主题“城市，让生活更美好”；另一方面又结合各国的文化，寻求如何使中国人民以最佳的方式去了解他们的文化，从而予以充分的表现。所以，这次世博会在一定的意义上说，也将是一次世界建筑博览会。

法国国家馆的主题是“感性城市”(Le Ville Sensuelle)，充分体现了法国文化的内涵。建筑的外观简洁明了，以脱离地面的飘浮形式展现在参观者面前，用现代手法诠释法国古典园林，同时又借助园林与中国文化相联系(见图7-35)。喷泉、水上花园等构成了一个宁静安详和清新凉爽的世界。法国馆由法国年轻的建筑师雅克·费里埃(Jacques Ferrier)设计，IRB设计师事务所(Intégral Ruedi Baur)，TER园林设计所和乔治·塞克斯顿灯光设计师（George Sexton Associates）共同参与设计。费里埃曾于2006年参加上海自然博物馆的建筑设计方案征集。

建筑师将等候区设在展馆的庭院内，从排队等候区开始，参观者

图7-35
法国馆

就置身于法国园林内，自动扶梯缓缓地将参观者带到展馆的最顶层。展览区域在斜坡道上铺开，沿着下坡路回到起点，参观者可以透过玻璃欣赏庭院，参观路线的另一边则是视觉效果强大的影像墙，通过一些法国老电影片断或现代法国的图像，阐述城市生活的印象。展馆顶层设置一座精致的法式餐厅，展现法国厨艺的多样性。穿过餐厅，漫步于屋顶的法式花园，可以观赏浦江美景。

西班牙女建筑师贝妮代塔·塔利埃布(Benedetta Tagliabue，1964—)设计的西班牙馆的主题是“通过科学和技术创新来重塑城市社区”，造型像一个可以包容各种文化的绿洲竹篮，利用天然的材料，体现生态意识。

瑞士馆总面积为4 000平方米，充满着对未来的美好憧憬。从空中俯瞰，其轮廓是一个想象中的未来世界。设计以可持续发展理念为核心，充分展现了如何开创性地结合自然和高科技元素。它是一个开放的空间，最外部的幕墙主要由大豆纤维制成，既能发电，又能天然降解。

荷兰建筑师约翰·科尔梅林（John Körmeling）设计的荷兰馆取名“快乐街”，建筑师从上海的城市高架路、外滩中心的发光屋顶得到启示，把这些元素用在设计上。快乐街的形状呈8字，既方便参观路线的组织，又迎合中国人的观念(见图7-36)。

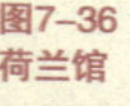

图7-36
荷兰馆

由建筑师詹保罗·因布里吉(Giampaolo Imbrighi)设计的意大利馆的主题是“理想之城,人之城”,建筑师从中国的游戏棒获得灵感,用20个功能模块代表意大利的20个大区,犹如一座微型的意大利城市。参观者行走其间,仿佛置身于集上海石库门弄堂与意大利广场为一体的城区。

卢森堡馆的建筑师了解到他们国家的中文名字有“森”和“堡”,于是就设计了森林和城堡。

阿联酋馆以独特的方式告诉世人有关能源利用方面的故事，提醒人们不要忘记过去先人想以特殊方式解决困境的经验，学习先人如何将新鲜的水送到沙漠殖民区,或者如何不用电力或其他能源而让房屋凉爽的方式。展品展现如何保存本国文化美好的部分,如何与“未来的城市”概念想结合。

名为“发光的盒子”的英国馆注重创意,表现作为创意中心的英国在建筑上的创新。

尼泊尔馆截取了加德满都在两千余年历史上作为建筑、艺术、文化中心的几个辉煌时刻,通过建筑形式的演变来展现城市的发展与扩张。

澳大利亚馆通过探讨环境保护以及城市化和全球化等人类面临的共同挑战,以及展示澳大利亚自然风光，向参观者呈献作为世界上最适宜居住地的澳大利亚如何缔造城市建设和自然环境之间可持续发展的和谐。

建筑面积为6 000平方米的德国馆的主题是“和谐城市”,建筑师是来自慕尼黑的施米德胡贝和凯因德尔建筑设计公司(Schmidhuber + Kaindl)。这是一座大型展馆,展示未来的城市(见图7–37)。有三个看起来像是漂浮在支撑结构内的空间体,另外还有一个形状像锥体的“能源中心”,立面采用薄膜。展馆仿佛是一个可以进入的,没有定义内外空间的雕塑。同时考虑到让世博广场和毗邻的景观能流畅地与德国馆衔接。

加拿大馆的主题是“充满生机的宜居住城市:包容性、可持续发展与创造性”,展馆的中央是一片开放的公共区域,枫叶印象展馆由三幢大型几何体建筑组成。

挪威将建设占地3 000平方米的自建馆,以“挪威·大自然的赋予”为主题参展上海世博会。展馆由15棵巨大的“树”构成,模型树的原材料来自木材和竹子,并可在展后再利用,通过屋顶的太阳能和雨水收集系统实现能源自给。

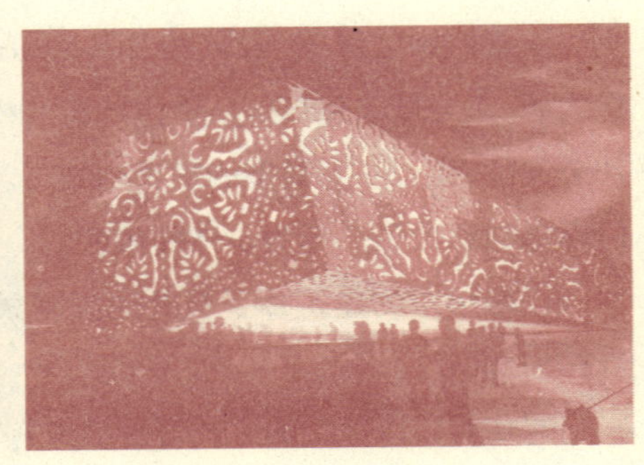

图7-37(上左)
德国馆

图7-38(上右)
波兰馆夜景

瑞典馆设计为三层，由四个相互链接的建筑物组成，其中包括一个1 500平方米的展览区域。展示“城乡互动”的瑞典馆由瑞典SWECO公司负责设计。馆内设有咖啡馆和精品店。在展馆的三楼还设有VIP区域以及餐厅。瑞典展馆的建筑式样采用的是传统的城市建筑，建筑外型将突出展示木材是如何应用于现代建筑领域的，以及如何选用适当的材料来实现节能。

波兰馆以民间剪纸艺术的方式展现波兰的传统精神，以隐喻而不是直白地表现民族风格。同时注重白天和夜晚的外观，在夜晚的华丽多彩的灯光下产生生动的装饰效果(见图7-38)。展馆内还设有一座餐厅和礼品店。

参考文献

Andrew Garn. *Exit to Tomorrow, World's Fair Architecture, Design, Fashion 1933—2005*. Universe Publishing. New York.2006.

Erik Mattie. *World's Fairs*. Princeton Architectural Press. New York. 1998.

2005 World Exposition Aichi Japan. Sandu Cultural Media. Hong Kong. 2005.

Architektur EXPO 2000 Hannover, die Weltausstellung in Deutschland. Hatje Cantz Verlag. Ostfildern 2000.

André Lortie. *The 60s: Montreal thinks Big*.Canadian Centre for Architecture, Montréal. 2004.

Moisés Puente. *100 Years Exhibition Pavilions*.GG. Barcelona. 2000.

Fernando Alonso. *EXPO Movement, Universal Exhibitions and Spain's Contribution*. Metáfora. 2008.

Sociedad Estatal de Gestíon de Activos,S.A. *Memoria General de la Exposicion Universal Sevilla 1992*.

Exposición Internacional Zaragoza 2008 . *Guide Official*. 2008.

EXPO Architecture Zaragoza,An Urban Project. ACTAR. 2008.

Maria Antonietta Crippa, Ferdinando Zanzottera. *Expo ×Expos, Comunicare la Modernità, Le Esposizioni Universali, 1851—2010*. Triennale Electa. 2008.

Russell Ferguson. *At the End of the Century: One Hundred Years of Architecture*. The Museum of Contemporary Art. Los Angeles. 2000.

The Art Institute of Chicago. *Chicago and New York: Architectural Interactions*. 1984.

David Garrard Lowe. *Lost Chicago*. Watson–Guptill Publication. New York. 2000.

Nancy Frazer.*Louis Sullivan and The Chicago School*.Crescent Books.1991.

Vieri Quilici. *E42–EUR, Un centro per la metropoli*. OlmoEdizioni. Roma 1996.

Jean–Louis Cohen. *Scenes of the World to Come, European Architecture and the American Challenge 1893—1960*. Flammarion, Canadian Centre for Architecture 1995.

Johanna Kint. *Expo 58 als belichaming van het humanistisch modernisme*. Uitgeverij

010. 2001.

Nancy B.Solomon. *Architecture, Celebrating the Past, Designing the Future.* Visual Reference Publication Inc., The American Institute of Architects.2008.

Kenneth Frampton. *Modern Architecture ,A Critical History of Architecture.* Thames and Hudson. 1980.

Nikolaus Pevsner. *A History of Building Types*. Thames and Hudson. 1976.

Bill Addis. *Building: 3000 Years of Design Engineering and Construction*. Phaidon. 2007.

Andrew Ayers. *The Architecture of Paris*. Edition Axel Menges.2004.

Russell Fergusen. *At the End of the Century, One Hundred Years of Architecture.* The Museum of Contemporary Art, Los Angeles.1998.

Luis Fernández–Galiano. *Spain Builds, Arquitectura en España 1975—2005*. Fundación BBVA. Arquitectura Viva, MoMa.2005.

Anton Capitel, Wilfried Wang. *Twentieth–Century Architecture Spain.* Tanais Ediciones. 2000.

Antoni González, Raquel Lacuesta. *Barcelona Architecture Guide, 1929—1994*. Editorial Gustavo Gili. 1995.

Christopher Woodward. *The Buildings of Europe, Barcelona.* Manchester University Press. 1992.

Halle 13. Deutsche Messe AG. EXPO 2000. Hannover GmbH. Prestel Verlag.1999.

John Peter. *The Oral History of Modern Architecture.Interview with the Greatest Architects of the Twentieth Century.* Harry N.Abrams,Inc.1994.

Terry Kirk. *The Architecture of Modern Italy. Volume 2. Vision of Utopia, 1900—present*. Princeton Architectural Press. New York. 2005.

Marek Nester, Piotrowski. *Progettare la Fiera*. Edizioni Lybra Immagine. 2002.

Renzo Piano Building Workshop. *Complete works*. Volume two.Phaidon. 1995.

Alexander Tzonis. *Santiago Calatrava, The Poetics of Movement*. Universe. 1999.

Francesco Garofalo and Luca Veresane. *Adabelto Libera*. Princeton Architectural Press. 2002.

Alexander Tzonis, Liane Lefaivre, Richard Diamond.*Architecture in North America since 1960*. Bulfinch. 1995.

AV. Monographs. Cruz & Ortiz. 1975—2000. 85/2000.

Kevin P. Keim. *An Architectural Life, Memoirs & Memories of Charles Moore*. Bulfinch. 1996.

The Architectural Review.July 1998.

Architecture in Detail. ヶリスタル·パレス.同朋舍出版1994。

Architecture in Detail. パリ万国博、机械馆.同朋舍出版1993。

Architecture in Detail.セビリァ万国博览会、英国パビリオン. 同朋舍出版1993。

吉田光邦编:《图说万国博览会史1851—1942》,思文阁,1985年。

日本万国博览会纪念协会主编出版:《日本万国博览会公式记录》,1972年。

罗小未主编:《外国近现代建筑史》,北京,中国建筑工业出版社,2004年。

宋超主编:《世博读本》,上海,上海科学技术文献出版社,2008年。

周秀琴、李近明编著:《文明的辉煌/走进世界博览会历史》,上海,学林出版社,2007年。

郭定平主编:《世博会与国际大都市的发展》,上海,复旦大学出版社,2007年。

上海市城市规划设计研究院编著:《世博会回眸与展望》,上海,上海文艺出版社,2005年。

中国国际贸易促进会:《2005年日本爱知世界博览会调研报告》,2005年。

哈维尔·蒙克鲁斯·福拉加:《世界博览会和城市规划,2008萨拉戈萨世界博览会规划项目》,于漫译,上海,上海科学技术文献出版社,2008年。

马塞尔·加洛平:《20世纪世界博览会与国际展览局》,钱培鑫译,上海,上海科学技术文献出版社,2005年。

阿尔弗雷德·海勒:《文明的进程:世博会的发展与思考》,吴惠族等译,上海,上海科学技术文献出版社,2003年。

吴建中主编:《世博会主题演绎》,上海,上海科学技术文献出版社,2008年。

上海图书馆编:《中国与世博历史纪录(1851—1940)》,上海,上海科学技术文献出版社,2002年。

杜异、傅祎编著:《汉诺威世界博览会设计》,广州,岭南美术出版社,2002年。

吴农等编著:《建筑的睿智——2005年日本爱知世界博览会建筑纪行》,北京,机械工业出版社,2007年。

斋藤公男:《空间结构的发展与展望——空间结构设计的过去·现在·未来》,季小莲、徐华译,北京,中国建筑工业出版社,2006年。

乔尔·科特金:《全球城市史》,王旭等译,北京,社会科学文献出版社,2006年。

威廉·曼彻斯特:《光荣与梦想:1932~1972年美国社会实录》,广州外国语学院美英问题研究室翻译组、朱协译,海口,海南出版社、三环出版社,2006年。

大卫·哈维:《巴黎,现代性之都》,黄煜文译,台北,群学出版有限公司,2007年。

钟纪刚编著:《巴黎城市建设史》,北京,中国建筑工业出版社,2002年。

克里斯多夫·普罗夏松:《巴黎1900——历史文化散论》,桂林,广西师范大学出版社,2005年。

曼弗雷多·塔夫里、弗朗切斯科·达尔科:《现代建筑》,刘先觉等译,北京,中国建筑工业出版社,2000年。

马国馨:《丹下健三》,北京,中国建筑工业出版社,1989年。

刘先觉编著:《阿尔瓦·阿尔托》,北京,中国建筑工业出版社,1998年。

刘先觉编著:《密斯·凡·德·罗》,北京,中国建筑工业出版社,1992年。

吴焕加:《雅马萨奇》,北京,中国建筑工业出版社,1993年。

王建国、张彤编著:《安藤忠雄》,北京,中国建筑工业出版社,1999年。

蔡凯臻、王建国编著:《阿尔瓦罗·西扎》,北京,中国建筑工业出版社,2005年。

张明编著:《现代展览会设计——世博会与博览会》,南京,东南大学出版社,2002年。

《上海世博》期刊,上海市世博会事务协调局主办。

《世界建筑》期刊,清华大学、北京市建筑设计研究院主办。

后记

上海即将举办2010年世博会，世博会将对上海城市的发展和城市生活方式的进步起到极大的推动作用，而且，也会普遍提高市民对城市和城市建筑的认识。建筑无疑是世博会园区最耀眼的展品，引导参观者了解建筑，提高建筑美学素养，也是世博会的重大意义之一。

在接到东方出版中心的委托时，一开始并没有太多的犹豫，原因是自2000年以来我们已经参与了申办世博会以及有关世博会规划和建筑的许多实际工作，承担了一些研究课题，在上海市科委和世博局的支持和帮助下做了一些工作，培养的许多研究生也都以世博会作为研究课题。近年来，也多方留意收集有关世博会的书籍，原以为只要将资料予以系统的整理就能完成撰写有关世博会建筑的书。真到动手写的时候，才发现手头的资料远远不够翔实，大部分文献都描述世博会，而非世博会建筑。世博会建筑的历史几乎已经变成无形的历史，绝大部分建筑早已拆毁。而建筑史书所关注的也多半是作为实体存在的建筑，即使对十分重要的世博会建筑，许多建筑历史也基本上是一笔带过，更没有进行详细的论述。因此，我们只能进行更广泛的阅读，从许多专著中寻找散落的有关素材和只鳞片爪，写这本书的时间也比原先预计的要长得多。

在整理收集资料、广泛阅读的过程中发现，世博会实际上是一个丰富的建筑宝库，世博会同时也是国际建筑博览会，而这个宝库在国内尚未被充分认识。

在撰写本书的过程中，得到世博局有关领导和部门的帮助及指导，也得到吴燕莲女士、吴建中先生、曹怡蔚女士的帮助，没有他们的真诚相助，这本书会逊色得多，在此谨表示衷心的感谢。

本书参考、使用了一些文献的图片资料，由于编写时间紧迫，加之缺少联络方式，无法与这些原图片资料的作者一一联系，在此深表歉意。相关作者见本书后可与编著者或出版社联系，我们将按规定支付图片稿酬。

限于编著者的写作水平和资料的局限性，本书一定存在不少可以改进的地方，期盼得到各位前辈、学长和读者的批评指正。

编著者

2008年12月3日

图书在版编目(CIP)数据

世博与建筑/郑时龄,陈易编著.—上海:东方出版中心,2009.4

ISBN 978-7-80186-980-7

Ⅰ. 世… Ⅱ. ①郑…②陈… Ⅲ. 博览会—建筑艺术—世界 Ⅳ. TU242.5

中国版本图书馆 CIP 数据核字(2009)第 037830 号

世博与建筑

出版发行:东方出版中心
地　　址:上海市仙霞路 345 号
电　　话:62417400
邮政编码:200336
经　　销:全国新华书店
印　　刷:昆山市亭林印刷有限责任公司
开　　本:710×1000 毫米　1/16
字　　数:251 千
印　　张:16
印　　数:0,001—5,100
版　　次:2009 年 4 月第 1 版第 1 次印刷
ISBN　978-7-80186-980-7
定　　价:38.00 元